ソフトウェア
品質判定メソッド

計画・各工程・出荷時の審査と
分析評価技法

誉田直美[編著]

佐藤孝司
森　岳志
倉下　亮[著]

日科技連

まえがき

モノのサービス化が進展する現代では、新しいサービスのほとんどがソフトウェアにより実現されている。さまざまなサービスが次々と生み出されるその裏で、ソフトウェアベンダーはバグとの戦いを続けている。ようやく出来上がったソフトウェアがバグだらけで、サービス提供を延期せざるを得なかったという苦境は、ソフトウェア業界にいれば一度は経験したことがあるだろう。もう少し早い段階で気が付いていれば、と悔やんでも後の祭りである。品質の良いソフトウェアを安定的に開発できるようになるには、現在においても非常に多くの困難を伴う。

本書は、ソフトウェア品質保証の根幹をなす品質判定という大きな課題に応えるものである。筆者らは、実際の開発現場でソフトウェア品質問題に長年取り組んできた。その経験から、ウォーターフォールモデル開発でソフトウェア品質を確保するには、開発途中の各段階から、多角的な分析によって的確に品質の良し悪しを判定し、その判定結果にもとづいて品質向上施策を積み重ねていく必要があることを学んだ。的確な品質判定のためには、さまざまな分析評価技法を組み合わせて適用し、その結果を総合的に判断することが求められる。本書は、それらのソフトウェア品質判定メソッドを、ソフトウェア開発の計画から各工程、出荷判定に至る全開発プロセスに沿って、具体的に解説する実践的な解説書である。審査の入力となる分析のために使う4つの分析評価技法、定量データ分析、バグのなぜなぜ分析、仕様書の評価、ソフトウェアの評価を合わせて紹介する。実際に使う場面を考えて、現場で迷いそうな事例を取り上げて具体的に解決法を解説するとともに、実践的な演習問題と解説を掲載していることも大きな特徴である。

本書で解説するソフトウェア品質判定メソッドが理解され、現場で実際に適用されることによって、ソフトウェア品質の悩みが少しでも軽減されることを

まえがき

切に願っている。

本書の構成

第1章は、ソフトウェア品質について解説するとともに、本書で前提とする開発プロセス、データ項目、バグの測定方法などを説明する。

第2章は、ソフトウェアの品質や生産性について、現場で語られていることが真実かどうかを、データ分析により検証する。この中には、筆者らが信じていたことが誤りだったことも含まれる。

第3章は、本書の根幹であるソフトウェア品質を判定する審査方法を、計画から出荷判定まで順に解説する。審査で使用する4つの分析評価技法は、続く第4章以降に解説する。

第4章は定量データ分析、第5章はバグのなぜなぜ分析を解説する。これら2つの分析評価技法は、きちんとしたプロセスでソフトウェアを開発しているかを分析するために使用する。

第6章は設計仕様書やテスト仕様書などの仕様書の評価、第7章は最終成果物であるソフトウェアの評価を解説する。これら2つの分析評価技法は、プロセスのアウトプットである仕様書やソフトウェアが、実際に所定の品質を確保しているかを分析するために使用する。第4章から第7章で解説する4つの分析評価技法の分析結果は、第3章で解説する審査の各審査基準の評価に使用する。

本書は、現場で適用できることを目指して、実際に使える各工程の審査基準、評価に使用するチェックリスト、データを整理するための帳票類を掲載している。これらはダウンロードして使うこともできる。

本書をお勧めする方々

ソフトウェアにかかわる以下のような方々にお勧めする。ソフトウェア開発に直接かかわることが少ない経営者や営業の方でも、本書で解説する視点は、ソフトウェアの目利きに役立つはずである。

- 開発者やチームリーダー、プロジェクトマネージャー

- 経営者、管理者、ソフトウェアの営業にかかわる方
- SQA(ソフトウェア品質保証)の担当者
- PMO(プロジェクトマネジメントオフィス)の担当者

本書の利用方法

① そのまま適用する

本書で解説するソフトウェア品質判定メソッドは、現場での適用結果にもとづいて改善を積み重ねた手法である。まず現場へ適用していただき、必要に応じてカスタマイズすることをお勧めしたい。

② 部分的に適用する

本書で解説する、多角的な分析のために使う4つの分析評価技法(定量データ分析、バグのなぜなぜ分析、仕様書の評価、ソフトウェアの評価)は、部分的に適用することも可能である。特に、仕様書の評価とソフトウェアの評価の分析評価技法は、開発チームとは別の第三者が実施することを想定しているが、開発チーム自らが本書の分析評価技法を適用して、品質向上に役立てることもできる。

③ ソフトウェア品質判定メソッド準拠セミナーで実践的な適用方法を修得する

本書で解説するソフトウェア品質判定メソッドを修得できるセミナーを開催している。より実践的な技法修得を希望する場合は、セミナー受講をご検討願いたい。

謝辞

本書を執筆するにあたり、多くの方にご協力いただいた。筆者らは全員、ソフトウェア開発現場で開発や品質保証にたずさわって30年以上のキャリアを重ね、同じ職場で仕事をした経験をもつ仲間である。筆者らとともにソフトウェア品質向上に取り組んだ同僚のみなさまに、感謝とお礼を申し上げたい。みなさまと苦労した結果が、本書に結実した。特に、宮崎義昭氏には、厚くお礼申し上げたい。宮崎氏は、本書の企画からかかわり、われわれのつたない執

筆原稿をレビューし、貴重な意見を提供してくれた。

　日科技連出版社の鈴木兄宏氏および石田新氏にも感謝する。筆者らとは異なる視点で貴重な意見をいただいた。スケジュールどおりに本書を出版できたのは、両氏の熱意のおかげである。

　最後に、本書の執筆中に、さまざまな面で理解し協力してくれた筆者らの家族に感謝する。

2019 年 7 月

著者を代表して

誉　田　直　美

審査基準・チェックリスト・帳票類のダウンロード方法

　本書の付録に掲載した審査基準・チェックリスト・帳票類を日科技連出版社の下記ホームページからダウンロードできます。

　　http://www.juse-p.co.jp/

　　ID：sqjmethod

　　パスワード：sqj2019

　　注意事項：

- 上記の方法でうまくいかない場合は、reader@juse-p.co.jp までご連絡ください。
- 著者および出版社のいずれも、ダウンロードした資料を利用した際に生じた損害についての責任、サポート義務を負うものではありません。

準拠セミナーについて

　本書の内容を解説するセミナーについては、日本科学技術連盟の下記サイトから検索するか、info@ideson-worx.com へお問い合わせください。

　　http://juse.or.jp/src/seminar/

ソフトウェア品質判定メソッド 目次

まえがき·· iii

第1章　ソフトウェア品質とは何かを考察する

1.1 ▶ ソフトウェア開発を取り巻く状況······································ 2

1.2 ▶ ソフトウェア品質の定義·· 3

1.3 ▶ ソフトウェア品質保証のための基本事項···························· 7

1.4 ▶ 本書で解説する審査および分析評価技法の
概要と前提知識·· 11

第2章　ソフトウェア品質のホント・ウソを検証する

2.1 ▶ 品質と生産性の良し悪しの評価方法·································· 20

2.2 ▶ 品質を向上すると生産性も向上する·································· 20

2.3 ▶ 出荷前にバグが多く摘出されるのは品質が悪い証拠············ 26

2.4 ▶ 外部仕様の設計までで品質は決まる·································· 27

2.5 ▶ 成熟度レベルが高いほどソフトウェアの品質は良い············ 30

2.6 ▶ ソースコード行数とネスト数の計測だけでも
品質は向上する·· 33

2.7 ▶ 本章のまとめ·· 38

第3章　ソフトウェア品質を審査する

3.1 ▶ ウォーターフォールモデルの審査の考え方························ 42

vii

3.2 ▶ 審査の概要 ………………………………………………… 44

3.3 ▶ 計画審査 ………………………………………………… 50

3.4 ▶ 基本設計／機能設計／詳細設計の工程審査 ………… 67

3.5 ▶ コーディング工程の工程審査 ………………………… 75

3.6 ▶ 単体テスト／結合テスト工程の工程審査 …………… 77

3.7 ▶ 総合テスト工程の工程審査 …………………………… 81

3.8 ▶ 出荷判定 ………………………………………………… 84

第 3 章の演習問題 …………………………………………………… 94

第**4**章　データで開発途中の品質を分析する

4.1 ▶ 本章の概要 ……………………………………………… 110

4.2 ▶ 回帰型バグ予測モデル ………………………………… 110

4.3 ▶ 品質判定表 ……………………………………………… 115

4.4 ▶ 作り込み工程別バグ分析 ……………………………… 118

4.5 ▶ バグ傾向分析 …………………………………………… 122

4.6 ▶ バグ収束判定 …………………………………………… 125

第 4 章の演習問題 ………………………………………………… 127

第**5**章　バグのなぜなぜ分析でホントの原因をつかむ

5.1 ▶ バグのなぜなぜ分析とは ……………………………… 132

5.2 ▶ バグ分析と 1＋n 施策の進め方 ……………………… 134

5.3 ▶ バグ分析と 1＋n 施策の適用事例 …………………… 141

5.4 ▶ 的確にバグ分析をするコツ …………………………… 144

5.5 ▶ バグ分析で陥りやすい誤り …………………………… 149

第 5 章の演習問題 ………………………………………………… 154

第6章　設計とテストの仕様書から出来具合を見る

6.1 ▶仕様書の評価とは ……………………………………… 158

6.2 ▶仕様書の評価の進め方 …………………………………… 159

6.3 ▶機能設計仕様書の評価チェックリスト ………………… 163

6.4 ▶機能設計仕様書の評価事例 ……………………………… 168

6.5 ▶結合テスト仕様書の評価チェックリスト …………… 171

6.6 ▶結合テスト仕様書の評価事例 ………………………… 175

6.7 ▶その他の工程での評価時の注意点 …………………… 176

6.8 ▶評価結果の分析と報告 ………………………………… 180

第6章の演習問題…………………………………………………184

第7章　実際にソフトウェアを動作させて確認する

7.1 ▶ソフトウェアの評価とは………………………………188

7.2 ▶ソフトウェアの評価のプロセス………………………189

7.3 ▶評価の計画……………………………………………191

7.4 ▶評価項目の設計………………………………………195

7.5 ▶評価システムの構築…………………………………201

7.6 ▶評価の実施……………………………………………202

7.7 ▶マニュアルの評価……………………………………203

7.8 ▶評価結果の分析と報告………………………………208

第7章の演習問題…………………………………………………211

付録　審査基準・チェックリスト・帳票類………………… 213

目　次

演習問題の解答・解説……………………………………………230

参考文献 …………………………………………………………… 240

索　引 ……………………………………………………………… 242

---

column

- モノさえできれば、作り方はどうでもよい………………………… 6
- 品質を上げると生産性が低下するという誤解が消えない理由……… 25
- バグ目標値の設定がむずかしい場合の対応方法………………… 64
- "言い訳"ではなく"品質の見解"を考えよう……………………… 71
- 開発途中の指標は出荷審査基準にしない ………………………… 93
- 品質を分析するコツ ……………………………………………… 94
- バグを憎んで人を憎まず………………………………………… 142
- 第三者による仕様書の評価はうまくいくか……………………… 160

第 1 章

ソフトウェア品質とは
何かを考察する

　本章では、ソフトウェア品質保証を進めるうえで必要な前提知識を解説する。ソフトウェア開発を取り巻く状況、ソフトウェア品質の定義、ソフトウェア品質保証を円滑に進め、的確な品質判定のために必要な基本事項、そして本書で想定する開発プロセスなどを説明する。

第 1 章 ● ソフトウェア品質とは何かを考察する

1.1 ▶ ソフトウェア開発を取り巻く状況

　ソフトウェアが、「ソフトウェア」と呼ばれるようになったのはいつのことだろうか。ハードウェアの付属物だったソフトウェアに対して、初めて「ソフトウェア」という用語が使われたのは 1958 年のことだという[1]。そして、日本の新聞にソフトウェアという用語が初めて登場したのは、その 11 年後の1969 年である[1]。すなわち、日本でソフトウェアが「ソフトウェア」として存在を認知され始めたのは、1960 年代後半あたりといえる。現在、ソフトウェアは社会の隅々まで浸透し、現代社会のあらゆる活動を支える存在となった。誕生からわずか 60 年程度で、ソフトウェアは世の中に欠かせない技術となったのである。これほどの短期間に、今ほど広範囲かつ重要な位置づけに昇格した技術は、ソフトウェア以外に見当たらない。

　一方、そのソフトウェアの開発技術や管理技術は、ソフトウェアの利用拡大に比して発展してきただろうか。さまざまな技法やツールが登場しているものの、依然としてソフトウェア開発の主体が人間であることに変わりはない。人間主体でソフトウェアを開発しているために、今だに開発途中のコミュニケーションやモチベーションといった人間的要因に起因する問題に四苦八苦している。日進月歩の便利なツールや人工知能を利用すれば、ソフトウェア開発はずいぶん楽になるはずだが、厳しい開発現場ではその工夫をする余裕にも乏しい。結果として、客先でバグが検出されると、かなりの部分を手作業で乗り越えなければならないのが実情である。

　しかしながら、希望もある。あらゆるソフトウェア開発問題を解決する万能薬はないものの、「しかし道はある」[2]といわれるように、ソフトウェア開発の個々の領域の課題を解決する技術は考案されてきている。それらをうまく組み合わせれば、かなりの課題を解決できる段階に入った。問題は、ソフトウェア開発問題を解決する道を作ることができる技術者や、その道を作ることの重要性を理解している経営者が多くはないことである。

　本書は、ソフトウェア品質保証の根幹をなす品質判定という大きな課題に応

2

えるものである。ウォーターフォールモデルの各段階において的確に品質を判定するには、さまざまな分析評価技法を組み合わせて適用して審査を行い、その結果を総合的に判断する必要がある。それらの審査および分析評価技法を、ソフトウェア開発の全プロセスに沿って具体的に解説する。

1.2 ▶ ソフトウェア品質の定義

本節では、まず品質に対する近年の考え方の変化を説明し、次にソフトウェア品質とは何かを解説する。

(1) 品質を取り巻く状況

品質とは、製品・サービスを通して顧客に提供した価値に対する、顧客の評価である。「製品・サービス」は「製品」と「サービス」の2つを指すのではなく、一語で「製品・サービスによる役務の提供」を意味する。近年の品質に対する考え方は、サービス化の流れに大きく影響を受けてきている。提供する製品(モノ)に注目するというより、モノとサービスを一体化させ、顧客の購入後の使用価値や経験価値を高めることを重視するのである。このサービス中心の考え方は、サービスドミナントロジックと呼ばれている[3]。日本的に表現すれば、コトづくりである。コトづくりとは、単にモノを提供するだけでなく、モノの提供によりコトを作り出す、すなわち顧客が思いもしないようなプラスアルファの喜びや感動を作り上げ、行動様式の変化をもたらすことをいう[4]。例えば、健康維持のために人気がある活動量計を考えてみよう。活動量計は、もともと歩数計が始まりと思われる。そこから、歩数だけでなくスポーツ時の活動量や心拍数が測れるようになり、睡眠状態や睡眠時間などの計測機能が追加されて、モノとしての機能を追求してきた。そして、その計測データを専門サイトで情報交換するサービスが生まれ、さらに個々の顧客の好みに合わせた健康指導などにより、ライフスタイルに変化をもたらすサービスへ進化してきた。これが活動量計というモノの提供を超えて、コトを作り出す良い事例だろう。

当たり前のことだが、品質は顧客が評価するもの[5]という点を忘れてはならない。品質を表す重要な指標が売上額といわれる[5]理由は、提供した価値が世の中に広く支持されたかどうかの結果が売上であり、それこそが品質を表す指標と考えられるからである。

(2) ソフトウェア品質とは

前述した品質にまつわる近年の変化を、ソフトウェアの立場から考えてみよう。ソフトウェアは、知識をもった人が対価を得て提供していたことを、コンピューターに肩代わりさせるために登場した。初めはプログラムが正しく動くことが重要だった。その後、処理量の増加などに伴って性能や信頼性に関心が移った。多くの人がソフトウェアを使う時代になると、さらに使いやすさが求められるようになった。そして、ネットワークでつながるのが当たり前の世界が到来して、セキュリティや安全性が注目されるようになった。社会が成熟するにつれて、企業間競争が激化し、顧客ニーズの多様化、複雑化、高度化とIT技術の進展が相まって、個々の顧客の好みに合わせたサービスの提供にまで発展してきた。

これらの移り変わりはまさに、基本的なモノの品質が重要だった時代から、質に視点が移り、さらに個々の顧客の行動様式の変化をもたらすコトづくりのサービス提供が求められる時代への変遷そのものである。ソフトウェアは、これらの変遷を実現するための根幹となる技術であり、個々の顧客に合わせたサービス提供は、まさにソフトウェアだからこそ実現できるサービスである。しかし残念ながら、急激に利用拡大したソフトウェアは、今でもプログラムが正しく動いているかという、モノとしての基本的な品質が問題となることがある。したがって、サービス提供側の重要な責務として、開発したソフトウェアが、ねらった価値を提供できているかどうかの確認はもちろん、設計したとおりに動作するかの確認が当たり前のこととして実施される必要がある。

本書では、設計したとおりに確実に動作することを含めて、ソフトウェアがねらった価値を提供しているかどうかを品質ととらえる。以下に、ソフトウェ

ア開発途中の品質を判定するために基盤となる、ソフトウェア品質の考え方を説明する。

① **明示的ニーズと暗黙のニーズ**

ニーズには、明示的に示されるもののほかに、暗黙のニーズがある[6]。暗黙のニーズとは、操作のしやすさや快適なレスポンスなど、顧客から明示的に要求されなくても備えるべきニーズである。暗黙のニーズは、備えるのが当たり前と考えるべきである[6][7]。

② **立場や時間への考慮**

立場によって、ソフトウェアへ期待する価値は異なる[8]。ソフトウェアへ期待する内容に応じて利用者を層別し、利用者ごとの期待内容を明らかにして機能として作り込む必要がある。

また、要求されるソフトウェアをタイムリーに提供できる能力は、価値が高い[9]。提供すべき時期に、ソフトウェアを提供できる開発力こそ価値なのだ。逆に、乏しい開発力のために提供すべき時期に提供できないと、信用を失い、時期を逸し、そのソフトウェアの価値は大きく低下する。

③ **プロセスの品質を確保する**

開発標準へ確実に対応することで、プロセス品質を確保する[10]。開発標準への対応は、そのほうが倫理的に正しいからというより、基本的なモノの品質を確保するために必要だから実施するのである。開発標準への対応を怠ることを手抜きという。手抜き工事をするとマンションが傾くように、手抜きをすればソフトウェアはバグだらけになる。

④ **総合的な「質」を問う**

製品の品質だけでなく、製品を取り巻くすべての事柄の「質」を確保するべきと主張しているのが、日本的品質管理である[11]。開発対象の製品の品質を「狭義の品質」と呼び、「広義の質」として、仕事の質、情報の質、工程の質、部門の質、人の質、会社の質など、製品を取り巻くあらゆる質を管理すべきと説いた。これは、前述のプロセス品質の確

第1章 ● ソフトウェア品質とは何かを考察する

> **column**
>
> ## モノさえできれば、作り方はどうでもよい
>
> 　この言葉は、筆者がまだ駆け出しのころ、ある顧客から言われた言葉である。当時は、「それは違う」と思いながら、その理由をきちんと説明できなかった。プレスマンは、著書『実践ソフトウェアエンジニアリング』で、「きちんとした作り方をしないソフトウェアは、どこかで必ず品質的に綻びが出る」と述べている[10]。
>
> 　綻びが出るわかりやすい事例は、手を抜いた単体テストである。単体テストを手抜きしても、システムレベルのユースケースは動作する。だから経験の浅い技術者は、単体テストでは単に動くことを確認すれば十分だと勘違いする。その結果は、客先での単純バグの摘出である。例えば、範囲外の入力値の処理バグは、単体テストでなければ摘出できない。システムテストでその種の単純バグが摘出されないのは、テストの目的が異なるためである。開発の各段階の作業はどれも必要だから実施するのだ。それを手抜きすれば、そのソフトウェアはどこかで必ず問題を起こす。

保に通じるだけでなく、さらに拡大した考え方である。ソフトウェアを取り巻くすべての事柄が、結果としてそのソフトウェアの品質に影響すると考えるべきだろう。

⑤　**ソフトウェア品質モデルで品質を解析的にとらえる**

　品質を概念的に理解するだけでなく、開発対象ソフトウェアの品質を解析的にとらえることが重要である。そのためにソフトウェア品質モデルが有用である。図1.1にソフトウェア品質モデルを示す[7]。図1.1の製品品質モデルは、ソフトウェア開発時に利用し、機能適合性や性能効率性など8つの品質特性の視点から、対象ソフトウェアが備えるべき項目を整理するために使う。また、利用者ニーズを満たしているかどうか

1.3 ● ソフトウェア品質保証のための基本事項

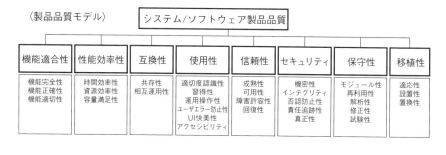

注) ISO/IEC 250xx の一連の規格は、SQuaRE (Systems and software Quality Requirements and Evaluation) シリーズと呼ばれる。

図 1.1　ソフトウェア品質モデル[7]

は、図 1.1 の利用時の品質モデルを利用して検討する。

1.3 ソフトウェア品質保証のための基本事項

本節では、ソフトウェア品質保証の基本的な考え方や要諦を説明する。

(1) プロセス品質とプロダクト品質

品質のマネジメントでは、プロセス品質とプロダクト品質という2つの視点から品質を把握することが肝要である。プロセス品質は、品質の良いモノを作り出すプロセスを適用することにより、初めから良いモノを作るという考え方

である。このためには、プロセス自身が管理され、問題があれば改善される状態でなければならない。一方、プロダクト品質とは、作られたモノを実際に確認して、基準を満足しないものは次に流さないという考え方である。わかりやすいのは、出荷検査であろう。作成したモノが基準を満足しなければ、出荷しない。組織としては悪いモノを外に出さないための最後の砦となる。

図1.2は、ソフトウェア開発におけるプロセス品質とプロダクト品質を示した図である。プロセス品質は、各工程において、収集データなどを使って適切な開発活動を実施しているかを分析する。プロダクト品質は、各工程の設計仕様書などの成果物を実際に確認して分析する。重要なのは、必ずプロセス品質とプロダクト品質を組み合わせて、両面から確認することである。

(2) V&V

V&V（Verification & Validation: 検証と妥当性確認）は、品質保証における極

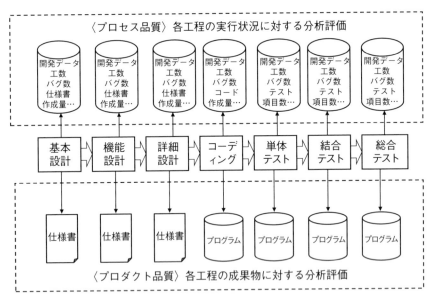

図1.2 プロセス品質とプロダクト品質

めて重要な考え方である。図1.3にV&Vの考え方を示す。

Verification（検証）は、入力したものが、プロセスを通して正しく変換し出力されたかを確認する視点である。入力と出力を突き合わせることによって、意図どおりに正しく変換されたかどうかがわかる。一方、Validation（妥当性確認）は、その出力がもともとの要求を満足しているかを確認する視点である。伝言ゲームにたとえれば、隣に正しく伝わっているかがVerification（検証）で、最初に伝えた内容が最後まで正しく伝わっているかがValidation（妥当性確認）である。特に上工程でのレビューでは、常にV&Vの2つの視点から確認することが重要である。

(3) バグの定義

バグに関連する用語を、表1.1に示す[12]。システム停止など人間が認識できる事象は「故障（Failure）」であり、その故障の原因が「障害（Fault）」である。バグ、不具合、欠陥、ディフェクトは、一般には障害（Fault）の意味で使用される。一方、「誤差・誤り（Error）」は理論値と計測値の差異をいう。本書では、現場で広く一般的に使用されている「バグ」という用語を、JIS X 0014で定

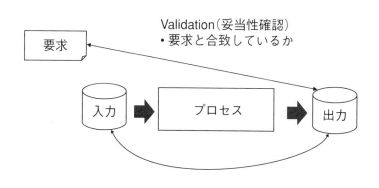

図 1.3　V&V（Verification & Validation：検証と妥当性確認）

第 1 章 ● ソフトウェア品質とは何かを考察する

表 1.1　バグに関連する用語の定義

用語	定義内容（JIS X 0014）	備考
故障 （Failure）	要求された機能を遂行する、機能単位の能力がなくなること	トラブルと呼ぶ現象は、一般には Failure の意味で使用される。
障害 （Fault）	要求された機能を遂行する機能単位の能力の、縮退または喪失を引き起こす、異常な状態	バグは、一般には Fault の意味で使用される。不具合、欠陥、ディフェクトも同様である。
誤差・誤り （Error）	計算、観測もしくは測定された値または状態と、真の、指定されたもしくは理論的に正しい値または状態との間の相違	

義する「障害(Fault)」の意味で使用する。すなわち、バグは、期待する動作ではない故障(Failure)という事象を引き起こした原因である。

　ソフトウェア開発途中においては、実は自然にバグの定義を拡張して使用していることが多い。実際に故障(Failure)を引き起こすような原因でなくとも、修正が必要と判断した場合はバグとして扱い、修正しているはずだ。その典型的な例が、コーディング規則違反である。コーディング規則違反は、プログラムの動作に影響しなくても修正する。これはそのソフトウェアの保守性に影響するためである。保守性が低いと、後の改造時にバグを作り込みやすくなる。コーディング規則違反のように、必ずしも実際に故障(Failure)を引き起こすような原因でなくとも、修正が必要と判断した原因をアノマリー(Anomaly)と呼ぶ[13]。本書においては、開発途中はアノマリーをバグに含むこととする。

1.4 ▶ 本書で解説する審査および分析評価技法の概要と前提知識

(1) 概　　要

本書で解説する審査と分析評価技法を表1.2に示す。また、ウォーターフォールモデルのソフトウェア開発工程に対する各審査と技法の適用場面を図

表1.2　本書で解説する審査と分析評価技法の一覧

区分	名称	特徴
審査 (第3章)	計画審査	ウォーターフォールモデルでの開発計画時に実施する審査。要求された品質を達成できる計画となっているかを審査する。
	工程審査	ウォーターフォールモデルの各工程終了時に実施する審査。各工程で要求される品質が確保できているかを審査する。
	出荷判定	ウォーターフォールモデルでの開発終了時に実施する審査。顧客に提供するのに十分な品質が確保できているかを審査する。
分析 評価 技法	定量データ分析 (第4章)	ソフトウェア開発途中で得られるデータを使って、開発活動の適切性を示すプロセス品質を分析する技法。以下の5種類の技法により構成する。 ・回帰型バグ予測モデル ・品質判定表 ・作り込み工程別バグ分析 ・バグ傾向分析 ・バグ収束判定
	バグのなぜなぜ分析(第5章)	ソフトウェア開発で摘出したバグ1件に注目して、そのバグが作り込まれ、見逃された原因を分析し、その作り込み原因や見逃し原因に対する水平展開を実施することにより、同じ原因で作り込まれ見逃された同種バグを摘出する技法。主に開発の最終段階に適用する。
	仕様書の評価 (第6章)	開発途中の各段階で作成される設計仕様書やテスト仕様書などの中間成果物が、要求されるプロダクト品質を確保しているかを評価する技法
	ソフトウェアの評価(第7章)	ソフトウェア開発の最終成果物であるソフトウェアやマニュアルが、要求品質を確保しているかを評価する技法

第1章●ソフトウェア品質とは何かを考察する

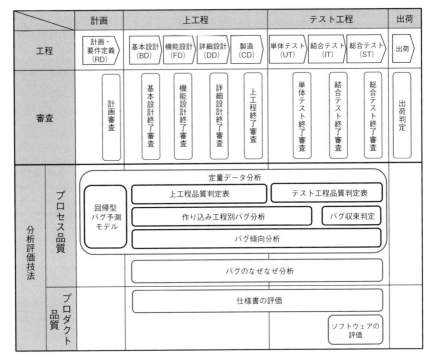

図1.4 本書で解説する審査と分析評価技法の適用場面

1.4に示す。

各工程終了時には、その工程に要求される品質を確保していることを確認するために、プロセス品質およびプロダクト品質の両面から各分析評価技法を適用して評価する。その評価結果を総合して、工程終了審査で判定する。開発終了時には、それまでの評価結果にもとづき、出荷判定において顧客の要求する品質を確保しているかを判定する。

なお、本書では、「審査」を「得られたデータを基準に照らして評価すること」、「判定」を「評価結果にもとづいて合否を決めること」という意味で使用する。

(2) 開発プロセス

　本書で想定する開発プロセスは、図1.5に示すV字モデルである。V字モデルは、ウォーターフォールモデルをもとに、対応する設計とテストを視覚的に同じ高さの位置に配置することで、テスト範囲を明確に示したモデルである。図1.5のうち、基本設計工程からコーディング工程までを「上工程」、単体テスト工程から総合テスト工程までを「テスト工程」と呼ぶ。上工程の各工程は、設計とレビューという2つのサブ工程から構成される。これは、上工程の各工程で、必ずレビューすることを示している。

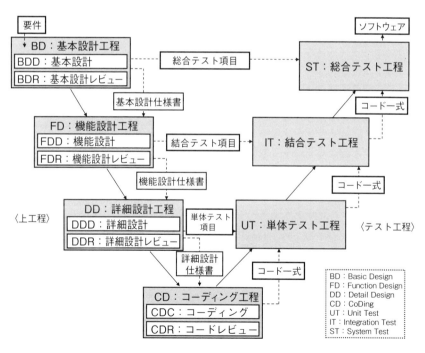

図1.5　本書で想定する開発プロセス

第1章 ● ソフトウェア品質とは何かを考察する

(3)　ソフトウェア品質会計

　本書では、品質管理の考え方として、「ソフトウェア品質会計」[14]を基本とする。ソフトウェア品質会計（以降、品質会計という）とは、品質が作り込まれたことを、確かな根拠をもって説明するソフトウェア品質管理手法である。品質会計は、NEC が独自に考案した手法であり、現在は NEC の標準的な品質管理手法として適用されている。品質会計の原則を表1.3 に示す。品質会計の詳細については、参考文献[14]を参照していただきたい。

　品質会計の大きな特長は、レビューで早期に品質を確保するという点にある。品質会計の目指す大きな目標は、「上工程バグ摘出率 80％」である。これは、出荷までに摘出する全バグ数のうち 80％をレビューで摘出するという意味である。レビューに馴染みが薄い場合には、80％という目標が非現実的に感じられるかもしれないが、的確に適用すれば、十分に達成可能な目標である。

表1.3　ソフトウェア品質会計の原則

＜品質会計の原則＞
・バグは作り込まない。作りこんだバグはすばやく摘出する。

＜上工程品質会計の原則＞
・作り込んだバグは次工程までに摘出する。
（目安：作り込み工程で 80％、次工程で残り 20％を摘出）

＜テスト工程品質会計の原則＞
・作り込んだバグは、すべて摘出してから出荷する。

＜目標＞
・上工程バグ摘出率 80％

注）上工程バグ摘出率 $= \dfrac{\text{上工程摘出バグ数}}{\text{出荷前の全摘出バグ数}} \times 100$

(4) データ項目

品質会計を用いて、ソフトウェア開発途中で品質判定するには、開発途中で得られるさまざまなデータを収集し分析する必要がある。本書で使用する開発途中のデータ項目を**表1.4**に示す。開発規模、工数、バグ数など、ソフトウェア開発で当たり前に収集するデータ項目である。

(5) バグの測定方法

ある設計工程で作り込まれたバグは、当該設計工程のレビュー開始時から測定を開始する。**図1.6**は詳細設計工程を説明した図である。詳細設計で作り込まれたバグは、詳細設計仕様書（第1版）が完成し、詳細設計レビューを開始した以降からカウントする。詳細設計仕様書（第1版）が完成するまでの詳細設計中の試行錯誤は、バグとは考えない。なお、詳細設計中には、前工程までに作り込まれた基本設計バグと機能設計バグが摘出される可能性がある。

上工程のバグの定義例を**表1.5**に示す。特に設計工程のバグは、仕様書に作り込まれたバグであるため、バグかどうかの判断の幅が人によって大きく異なる危険性がある。したがって、上工程のバグを定義し、組織として合意したうえでの計測が欠かせない。

(6) バグの作り込み工程と摘出工程

バグは、作り込み工程と摘出工程の2つの視点から分析する。作り込み工程とはそのバグを作り込んだ工程であり、摘出工程とは実際にそのバグが摘出された工程である。摘出工程は、そのバグが摘出された時点に実施していた工程なので明らかである。一方、バグの作り込み工程はそのバグを分析しなければ特定できない。そのバグを作り込む原因となった、誤った設計をした工程が作り込み工程である。バグの作り込み工程の分析をすると、各設計工程で設計すべき項目を詳細に規定する必要があるため、開発プロセス定義の詳細化が進むという利点がある。

表1.4 データ項目一覧

No.	データ項目	単位	定義
1	開発規模	Line	新規規模＋修正規模 削除規模は含まない。開発規模に加えて、新規再利用規模と継続再利用規模を測定しておくとよい。 参考）ソフトウェア全体規模＝新規規模＋修正規模＋新規再利用規模＋継続再利用規模
2	工数	人時/KL	開発に費やした工数（人時）／開発規模（KL）。場面に応じて、以下のように使い分ける。 全工数＝開発に費やした全工数（人時）／開発規模（KL） 工程工数＝上工程に費やした工数（人時）／開発規模（KL） テスト工程工数＝テスト工程に費やした工数（人時）／開発規模（KL） 工程ごとの工数＝各工程に費やした工数（人時）／開発規模（KL） 注）工数はレビュー工数を含む。
3	レビュー工数	人時/KL	設計およびコードに対するレビューに費やした工数（人時）／開発規模（KL） 場面に応じて、上工程レビュー工数、工程ごとのレビュー工数を使い分ける。
4	バグ数	件/KL	出荷前に摘出したバグ数／開発規模（KL） 場面に応じて、全バグ数、上工程バグ数、テスト工程バグ数、工程別のバグ数を使い分ける、工程ごと バグ1件ごとに、作り込み工程と摘出工程を分析し、作り込み工程ごとのバグ数、摘出工程ご とのバグ数を計測しておくとよい。
5	上工程バグ摘出率	%	（上工程バグ数／全バグ数）×100
6	テスト項目数	項目/KL	テスト工程で実施するテスト項目数（項目）／開発規模（KL） 場面に応じて、工程ごとのテスト項目数を使い分ける。 今回開発する機能に対するテスト項目を新規テスト項目、既存機能に対するテスト項目を既存 テスト項目と呼ぶ。
7	生産性	Line/人時	開発規模（Line）／全工数（人時）

注）KLはKilo Lines of Codeの略。KLあたりで使用する開発規模は、実績規模が確定するまでは計画規模を使用する。

1.4 ● 本書で解説する審査および分析評価技法の概要と前提知識

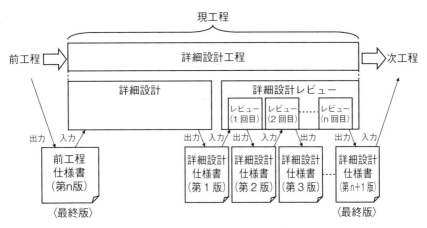

注) 詳細設計バグは詳細設計レビューからカウントする。

図 1.6　詳細設計と詳細設計バグの計測開始時期

表 1.5　上工程のバグの定義例

設計仕様書のバグ	・標準に沿っていないものはバグとする。
	・前工程の仕様書に沿っていないものはバグとする。
	・記述がわかりにくいため、他の担当者が誤解する可能性の高いものはバグとする。誤解する可能性の低いものはバグとしない。
	・他グループへの確認不足によるものはバグとする。
	・記述されていない部分はバグとする。
	・誤字脱字(てにをは)などの記述ミスはバグとしない。
	・その仕様書の入力となった前工程の仕様書に問題があったことによるバグは、前工程のバグとする。
	・他グループの仕様書のバグによるバグは、他グループのバグとする。
プログラムのバグ	・コーディング規則に沿っていないものはバグとする。
	・コーディングミスはバグとする。
備考	同じ原因による誤りが複数箇所から摘出された場合は、全体で1件とする。

第2章

ソフトウェア品質の
ホント・ウソを検証する

　ソフトウェア開発の現場では、ソフトウェア品質について言い伝えのように語られていることがある。その代表例が、ソフトウェア品質を上げすぎると生産性が下がるので、品質は適当なところで手を打つのがよいというものである。本章では、実際のソフトウェア開発プロジェクトのデータを分析して、これらの言い伝えを検証し、わかった事実を解説する。分析に使用したデータは、2013〜2017年にNECで実施したソフトウェア開発プロジェクトデータである。本章では、統計手法を用いて分析している。使用した統計手法は各記載箇所にその概要を説明しているが、さらに詳しく理解したい読者は、専門書での統計手法の確認をお勧めする。

第 2 章 ● ソフトウェア品質のホント・ウソを検証する

2.1 ▶ 品質と生産性の良し悪しの評価方法

ソフトウェア開発における品質と生産性への影響要因を分析するために、まず品質と生産性の良し悪しの評価方法について説明する。本章では、ソフトウェア開発プロジェクトを、開発特性により SI 系と汎用 SW 系の 2 つに分類して分析する。

　SI 系：特定顧客の要求に応じてソフトウェアを開発する

　汎用 SW 系：特定した市場向けの汎用ソフトウェアを開発する

開発特性の異なるプロジェクトは異なる傾向を示すので、層別して分析する必要があるためだ。一般に、特定顧客向けの SI 系より、ある市場向けの汎用 SW 系のほうが、不特定多数の顧客を想定するために、動作条件が複雑となり開発に工数がかかるなどの違いがある。

ソフトウェア開発における品質や生産性の良し悪しの評価方法を図 2.1 に示す。品質の良し悪しは、出荷後バグ基準値に対する出荷後の顧客摘出バグ数で評価する。出荷後バグ基準値とは、出荷後の品質目標値（出荷後バグ数／開発規模(KL)）である。出荷後バグ基準値は顧客領域ごとに設定し、そのプロジェクトの出荷後バグ実績値が出荷後バグ基準値以内であれば、品質が良いと評価する。生産性は単位時間あたりの生産 Line 数（図 2.1 に示す計算式）で算出し、数値の大きいほうが生産性が良いと評価する。

2.2 ▶ 品質を向上すると生産性も向上する

ソフトウェア開発では、品質と生産性は背反のように語られている。品質を上げると生産性が下がるので、あまり品質を上げるのはよろしくないといった具合である。それは真実か。結論から言えば、この言い伝えは誤りである。ソフトウェア開発では、品質を向上すれば同時に生産性も向上する。

品質会計では、上工程のレビューでの早期品質確保を重視し、上工程バグ摘出率 80％を目標にする。レビューでの早期品質確保が、各種要因に与える影

2.2 ●品質を向上すると生産性も向上する

・**品質の評価方法**：出荷後バグ基準値に対する出荷後バグ実績値で判定

> 達成（品質が良い）：出荷後バグ基準値≧出荷後バグ実績値
> 未達（品質が悪い）：出荷後バグ基準値＜出荷後バグ実績値

※出荷後バグ基準値：出荷後の品質目標値（出荷後バグ数／開発規模（KL））
　出荷後バグ実績値：出荷後12か月以内の顧客摘出バグ数（出荷後バグ数／開発規模（KL））

・**層の品質を評価する指標**：出荷後バグ基準達成率の数値の大きいほうが品質が良い層と評価する

$$出荷後バグ基準達成率（\%）＝\frac{達成プロジェクト数}{全プロジェクト数}×100$$

・**生産性の判定方法**：生産性の数値が大きいほど生産性が良いと評価する

$$生産性（Line／人時）＝\frac{開発規模（Line）}{工数（人時）}$$

図2.1　品質と生産性の判定方法

響を確認するために、本節では、ソフトウェア開発プロジェクトを、上工程バグ摘出率により70％以下、70～80％、80％以上の3つのグループに分けて分析する。

　図2.2は、3つのグループの出荷後バグ基準達成率を比較したものである。上工程バグ摘出率が上がるにつれて、出荷後バグ基準達成率が高くなっている。つまり、上工程バグ摘出率が高いほうが出荷後品質は良い。これより、レビューでの早期品質確保が品質向上につながることがわかる。この分析結果は、多くの読者が納得するところだろう。

　次に、レビューでの早期品質確保が生産性へ与える影響を分析する。**図2.3**は、上工程バグ摘出率により3つに層別した各グループの単位規模あたりの工数を比較したグラフである。上工程バグ摘出率が上がるにつれて、全体の単位規模あたりの工数が下がっていることがわかる。つまり、上工程バグ摘出率を

第2章●ソフトウェア品質のホント・ウソを検証する

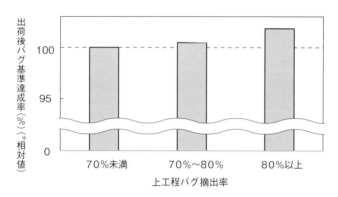

※上工程バグ摘出率70%未満の層の達成率を100とした相対値

図2.2　上工程バグ摘出率に対する出荷後品質の比較[15]

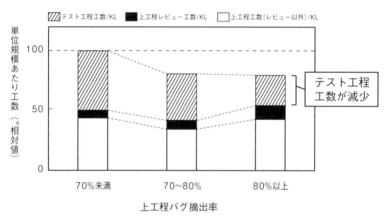

図2.3　上工程バグ摘出率に対する工数の比較（SI系）[15]

上げてレビューによるバグ摘出を進めると、品質向上するだけでなく生産性向上につながるのである。なぜか。その鍵は後戻りにある。生産性を低下させる最も大きな要因は、後戻り作業である。後戻り作業の代表格は、バグ修正である。バグ修正は、後工程になるほど工数がかかる。上工程バグ摘出率を上げ

22

て上工程でバグ摘出することにより、テスト工程で摘出されるバグ数が減って、テスト工程のバグ修正作業が大きく低減するのである。上工程バグ摘出率向上には、上工程でのレビュー工数増加が必須である。しかし、そのレビュー工数増加分を上回って、テスト工程でのバグ修正作業が減少するため、結果として生産性が向上するのである。

図2.3の工数内訳で確認しよう。上工程バグ摘出率80％以上のグループは、他の2つのグループと比較して、上工程工数（レビュー以外）と上工程レビュー工数は多くかかっているが、テスト工程工数は明らかに少ない。つまり、生産性向上の原因は、テスト工程工数減少にある。上工程バグ摘出率80％以上のグループがテスト作業を手抜きしているわけではない。3つのグループの単位規模あたりのテスト項目数を比較すると、多少の差異はあるものの、3つのグループともほぼ同等のテスト項目数を実施している（図2.4）。一方、単位規模あたりのテストバグ数を比較すると、上工程バグ摘出率が上がるにつれて、テストバグ数は大きく減少している（図2.5）。これは、上工程バグ摘出率が上がればテストで摘出されるバグ数は減少するためであり、その減少がテスト工数の減少につながるのである。以上を総合すると、上工程バグ摘出率80％以上のグループは、他の2つのグループと同程度のテスト項目を実施しても、テス

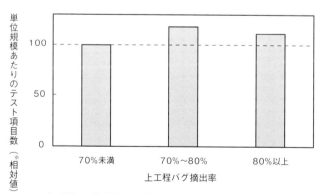

※上工程バグ摘出率70％未満の層の達成率を100とした相対値

図2.4　上工程バグ摘出率に対するテスト項目数の比較（SI系）[15]

第2章●ソフトウェア品質のホント・ウソを検証する

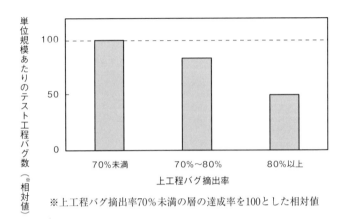

図2.5 上工程バグ摘出率に対するテストバグ数の比較(SI系)[15]

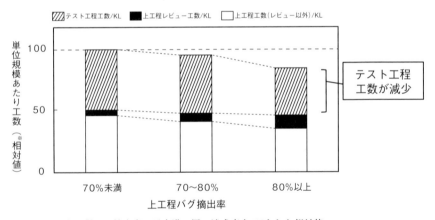

図2.6 上工程バグ摘出率に対する工数の比較(汎用SW系)[15]

トで摘出されるバグ数が少ない。このため、テスト工程でのバグによる修正や見直し作業が少なく、結果としてテスト工数が少なくて済むのである。図2.3～2.5は、SI系のデータを使用しているが、汎用SW系でも同じことがいえる。

図 2.6 に、参考までに汎用 SW 系の上工程バグ摘出率の違いに対する工数の比較を示す。

　繰り返しになるが、ソフトウェア開発の生産性に大きく影響する要因は、後戻りによる工数増である。バグ修正のための後戻りによる工数増は、バグ摘出が後工程になるほど飛躍的に増大する[16]。脱線するが、筆者らの経験では、1 件あたりのバグ修正コストは、設計、テスト、運用へと進むにつれて、10 倍ずつ増える。すなわち、設計段階で 1 件のバグを修正するのにかかるコストを 1 とすると、テストでは 10、運用段階では 100 へとコストが膨れ上がる。したがって、上工程にできるだけ多くのバグを摘出して、テスト工程で摘出されるバグ数を減少させれば、バグ修正による後戻りが減少するため工数が少なくて済み、結果として全体の生産性が向上するのである。上工程重視は、品質向上をもたらすだけでなく、生産性向上も同時に実現するのだ。

---

column

品質を上げると生産性が低下するという
誤解が消えない理由

　これは端的に言えば、実際のデータで事実を確認していないからだ。確かに、品質向上のためには工数が必要なので、この誤解は感覚的には理解できる。なぜなら、ただでさえ遅れがちなプロジェクトで、品質向上のために上工程のレビューを強化するのは勇気がいることだからだ。レビューを強化して上工程バグ摘出率を上げると生産性が向上するという分析結果を初めて社内へ紹介したときに、「今まで考えていたことと違っていた」と周囲にもらした方が少なからずいたようだ。それまでは、レビュー重視の考え方に異を唱える人こそいなかったが、コストへ影響するから上工程バグ摘出率 80％は無理、という意見が多かった。しかし、このデータ分析結果を紹介してからは、そういう意見はまったく聞かれなくなった。データでの実証は、現場の納得性を高めるのに大きく寄与する。

第2章 ● ソフトウェア品質のホント・ウソを検証する

2.3 ▶ 出荷前にバグが多く摘出されるのは品質が悪い証拠

「テストをたくさん実施してバグをたくさん摘出したから、品質は大丈夫です」。出荷判定会議でよく聞くセリフだ。筆者らも以前は、たくさんバグを摘出することは良いことだと信じていた。しかし、事実は違う。出荷前の摘出バグ数が多いプロジェクトは、出荷後に客先で摘出されるバグ数も多い。つまり、出荷前の摘出バグが多いのは、ほとんどの場合、設計時の品質が悪いことを意味する。設計品質が悪いと、テストでバグを摘出してもバグを補修するだけで設計品質そのものが良くなるわけではないため、結局最後の顧客利用時まで品質は悪いままというのが、事実である。

表2.1は、出荷後バグ基準値を達成しているプロジェクトと未達のプロジェクトの2つのグループに分けて、両者の中央値を比較した表である。数値は、各層の中央値を1としたときの相対値である。グレーの項目は、達成と未達の中央値間において、統計的に有意な差がある数値である。SI系と汎用SW系で共通して有意差があるのは、バグ数である。しかも、SI系および汎用SW系とも、未達は達成よりも数値が大きい。つまり、出荷後品質の悪いプロジェクトは出荷前のバグ数も多いということだ。

開発したソフトウェアに多くのバグが潜在している場合、レビューやテストを実施すればするほどバグは摘出される。しかし、潜在バグ数が少なければ、レビューやテストを実施しても、それほど多くのバグは摘出されない。要するに、もともと作り込んだバグ数が少ない設計品質の良いソフトウェアは、たいていの場合、出荷後にもバグが出ないということだ。この分析結果から、設計に問題があってもテストでバグを摘出すればなんとかなるという考え方は通用しないことがわかる。

表2.1では、SI系に達成と未達で有意差のある指標が他にもある。開発規模と開発期間は、達成よりも未達のほうが大きい。開発規模が大きくなれば開発

26

2.4 ● 外部仕様の設計までで品質は決まる

表 2.1　達成プロジェクトと未達プロジェクトの中央値比較[17]

指標	単位	SI 系		汎用 SW 系	
		達成	未達	達成	未達
開発規模	Line	0.81	2.67	1.01	1.84
開発期間	日	0.94	1.24	0.98	1.11
全摘出バグ	件 /KL	0.86	1.15	0.99	1.28
上工程バグ	件 /KL	0.90	1.18	0.95	1.33
テスト工程バグ	件 /KL	0.70	1.28	0.92	1.18
上工程バグ摘出率	%	1.03	0.98	1.00	1.03
レビュー工数	人時 /KL	1.14	1.04	1.05	1.16
テスト項目数	項目数 /KL	1.01	1.03	0.87	1.16
ドキュメント量	頁 /KL	1.05	1.10	0.98	1.11

注)　表の数値は、全体の中央値を 1 としたときの相対値。表のグレー項目は、ウィルコク
ソン検定で 5% 有意水準で有意差があることを示す。

期間も長くなるため、これは開発規模が大きいと出荷後に品質が悪いことが発
覚することを意味する。開発規模の品質への影響は、**2.5 節**で解説する。

2.4 ▶ 外部仕様の設計までで品質は決まる

　開発の早い段階で品質の良し悪しを見極めたい。ソフトウェア開発プロジェ
クトを推進する立場であれば、誰もが考えることだ。筆者らの分析によると、
SI 系では、外部仕様が決定する機能設計までで、プロジェクトが開発するソ
フトウェアの品質がほぼ決まるといってよい。基本設計および機能設計におい
て、少しのレビューでバグがたくさん摘出される場合は、開発するソフトウェ
アの品質はほぼ悪いと判定できる。なお、汎用 SW 系では、機能設計に加え
て詳細設計までの設計が品質に影響する。

　本節では、このことを分類木という統計手法を用いて説明する。分類木とは、
目的変数を最も予測できるように、説明変数によってデータを再帰的に分割し
てツリーを構築する分析技法である。本節での目的変数は、出荷後バグ基準を

達成できるかどうかとし、達成の可否に影響を与える上工程の要因を分析する。

図 2.7 は、基本設計バグ数と機能設計バグ数が多いプロジェクトは、出荷後バグ基準の達成率が大きく低下することを示す分析結果である。図 2.7 によると、出荷後バグ基準の達成に最も影響を与える上工程の要因は、機能設計バグ数である。機能設計バグ数が 1.16(当該指標の中央値を 1 としたときの相対値。以降本節の数値はすべて同様の相対値(達成率は除く))以上の場合、出荷後バグ基準達成率は、全体の達成率から 19.3 ポイント低下する。加えて基本設計バグ数が 0.39 以上の場合は、全体の達成率から 42 ポイント低下する。したがって、基本設計バグ数と機能設計バグ数が、ある一定値より多いプロジェクトは、出荷後バグ基準の達成率が急激に低下するといえる。これは、2.3 節の出荷前のバグが多いと品質が悪いという分析結果とも一致する。一方、機能設計バグ数が少ない場合は 16.1 ポイント、機能設計バグ数が多くても基本設計バグ数が少ない場合は 8.5 ポイント、全体よりも達成率は高くなる(図 2.7)。

図 2.8 と図 2.9 は、基本設計と機能設計に分けて、出荷後バグ基準達成率に影響を与える要因を分析した結果である。図 2.8 によると、基本設計工程では、基本設計バグ数が 1.07 以上の場合、出荷後バグ基準の達成率は全体より 18.3

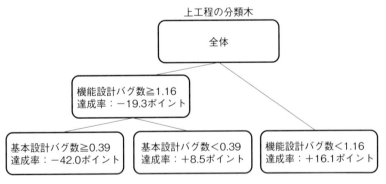

注) 各指標の数値は、各指標の中央値を 1 としたときの相対値。ポイント数は、全体の出荷後バグ基準達成率の中央値との差異

図 2.7　出荷後バグ基準達成率に影響を与える上工程の要因[19]

2.4 ● 外部仕様の設計までで品質は決まる

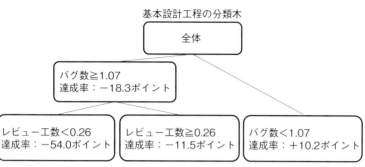

注) 各指標の数値は、各指標の中央値を1としたときの相対値。ポイント数は、全体の出荷後バグ基準達成率の中央値との差異

図2.8 出荷後バグ基準達成率に影響を与える基本設計の要因[19]

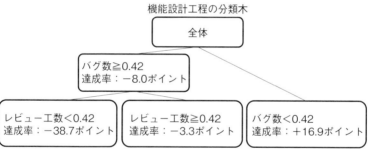

注) 各指標の数値は、各指標の中央値を1としたときの相対値。ポイント数は、全体の出荷後バグ基準達成率の中央値との差異

図2.9 出荷後バグ基準達成率に影響を与える機能設計の要因[19]

ポイント低下する。加えて基本設計工程のレビュー工数が0.26未満の場合は、達成率は全体より54.0ポイントも低下する。しかし、レビュー工数が0.26以上の場合は、達成率の低下は11.5ポイントにとどまる。機能設計工程の分析結果も基本設計工程と同様である（図2.9）。すなわち、基本設計工程でも機能設計工程でも、レビュー工数が一定値より少なくバグ数が一定値より多い場合

第2章●ソフトウェア品質のホント・ウソを検証する

に、出荷後バグ基準の達成率が大きく低下する。したがって、基本設計や機能設計の段階で、少しのレビューで多くのバグが摘出される場合は、出荷後品質が悪い危険性が高いと考えて早期に対策を取るべきである。図2.7 ～ 2.9の結果を総合すると、少しのレビューで多くのバグが摘出されるのは、レビューの効率的が良いのではなく、単に多くのバグが潜在している（＝設計品質が悪い）ために多くのバグが摘出されるだけと見るほうが正しそうである。

2.5 ▶ 成熟度レベルが高いほどソフトウェアの品質は良い

　ソフトウェア開発の領域で品質とともに語られることが多いのが、CMMI（能力成熟度モデル統合）[18]である。CMMIは成熟度レベルを5段階で表したモデルであり、レベル5が最も成熟度が高い。CMMIは「システムや成果物の品質は、それを開発し保守するために用いられるプロセスの品質によって大きく影響される」という考え方にもとづくモデルである[18]。では、実際にCMMIは、その組織が開発するソフトウェアの品質に関係するか。これも筆者らのデータから裏付けられている。成熟度レベルの高い組織が開発したソフトウェアのほうが、品質は良い。さらに、成熟度レベルの低いレベル1およびレベル2の組織では、開発規模が一定規模を超えると出荷後バグ基準を達成できなくなる。したがってレベル1や2では、ビジネスで必要なソフトウェア開発は困難である。ソフトウェア開発を円滑に進めるために、レベル3は必須であろう。

　図2.10は、成熟度レベルごとの出荷後バグ基準達成率を示したグラフである。SI系も汎用SW系も、成熟度レベルが上がるにつれて出荷後バグ基準達成率が向上する。したがって、成熟度レベルが高くなるほど品質が良いことがわかる。なお、レベル1からレベル5までの組織が揃わないため、グラフに一部の成熟度レベルが抜けている点はご容赦願いたい。

　次に、レベル1とレベル2のおのおので、出荷後バグ基準の達成に影響を与

30

2.5 ●成熟度レベルが高いほどソフトウェアの品質は良い

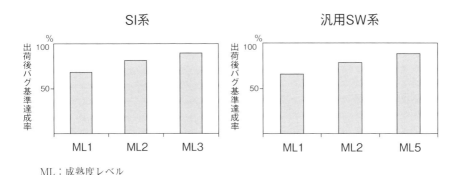

ML：成熟度レベル

図 2.10　成熟度レベルと出荷後バグ基準達成率の比較[19]

える要因を分類木で分析した結果を説明する。レベル1では、出荷後バグ基準の達成に最も影響を与える要因は、開発規模である（図2.11）。開発規模が、0.101（レベル1からレベル5までの全データの平均値を1としたときの相対値、以降本節の数値はすべて相対値（達成率は除く））以上になると、達成率は全体の達成率から12.8ポイント下がる。0.101は、開発規模の全体平均値の10分の1を意味し、実数にするとたかだか数KL程度である。加えて、上工程バグ数が0.349以上になると達成率は18.4ポイント下がる。さらに、上工程バグ摘出率が0.922未満になると、達成率は全体から41.8ポイント低下する。すなわち、レベル1の組織のプロジェクトでは、開発規模が数KL以上で、上工程バグ数が多く、上工程バグ摘出率がやや低い場合は、出荷後バグ基準の達成が極めてむずかしい。

　レベル2でも、出荷後バグ基準の達成に最も影響を与える要因は、開発規模である（図2.12）。開発規模が、0.463以上になると、達成率は全体の達成率から16.6ポイント下がる。開発規模0.463は、レベル1の0.101の4倍だが、まだ全体平均値の半分にも達しない。加えて、テスト工程バグ数が0.869以上になると達成率は全体から39.4ポイント下がる。すなわち、レベル2の組織のプロジェクトでは、開発規模が一定値以上でテストバグ数が多い場合は、出荷後バグ基準の達成が極めてむずかしい。

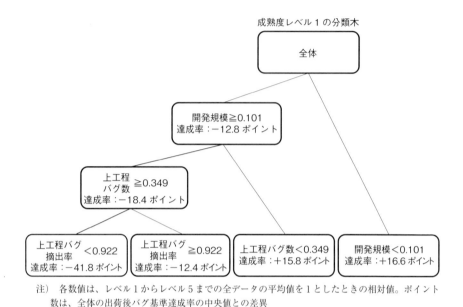

注）各数値は、レベル1からレベル5までの全データの平均値を1としたときの相対値。ポイント数は、全体の出荷後バグ基準達成率の中央値との差異

図 2.11　成熟度レベル1での出荷後バグ基準達成率に影響を与える要因[20]

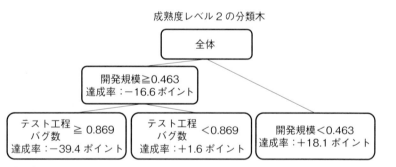

注）各数値は、レベル1からレベル5までの全データの平均値を1としたときの相対値。ポイント数は、全体の出荷後バグ基準達成率の中央値との差異

図 2.12　成熟度レベル2での出荷後バグ基準達成率に影響を与える要因[20]

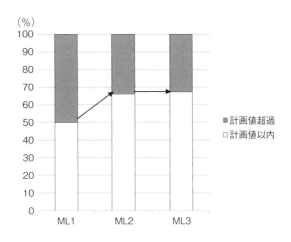

図 2.13 開発規模が計画超過したプロジェクト比率[19]

　開発規模は与えられた条件のため、プロジェクト側にはどうすることもできない。しかも、レベル1や2の開発規模のしきい値は、レベル2は全体平均値の半分以下、レベル1は10分の1と非常に小さい。したがって、この分析結果は、レベル1や2の組織にとってビジネスでのソフトウェア開発はほぼ不可能と宣言されたようなものである。

　成熟度レベルが低いことによる影響は他にもある。成熟度レベルが低いほど、開発規模は見積りを超過する割合が多い（図 2.13）。しかも、その見積り誤差が大きい（図 2.14）。開発規模の見積り誤差は、プロジェクトの進行に大きくかかわるため、開発規模がプロジェクトの成否へ与える影響は非常に深刻である。

2.6 ▶ ソースコード行数とネスト数の計測だけでも品質は向上する

　ソフトウェア開発途中のデータ収集は、どの組織にとっても永遠の課題かも

第 2 章 ● ソフトウェア品質のホント・ウソを検証する

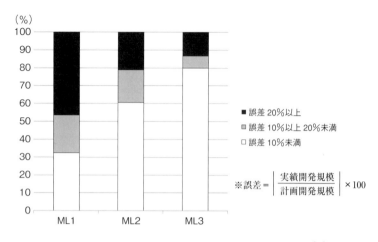

図 2.14　開発規模の計画超過プロジェクトの誤差範囲[19]

しれない。データ収集は、収集そのものが課題となるだけでなく、収集できていてもその精度、収集のリアルタイム性、収集の省力化などが課題になるためだ。本節では、データ収集項目としてごく初歩的なソースコード行数やソースコードの深さを表すネスト数の計測だけでも、効果的な品質向上が可能という分析結果を説明する。これら 2 つの指標は、計測ツールにより簡単に計測できる。計測ツールは OSS（オープンソースソフトウェア）でも出回っている。どんなプロジェクトでも、ソースコード行数は計測するはずなので、ツール実行時にネスト数も同時に計測すればよい。

図 2.15 で、ソースコード行数とネスト数に注目する理由を説明する。ソースコード行数とネスト数に加えて、複雑度の一種であるサイクロマチック数、分岐条件数を追加した 4 つのソースコード指標と出荷後バグ数の 5 つの指標値間の相関分析をしている。出荷後バグ数と 4 つのソースコード指標の相関係数は 0.3 程度といずれも低いため、ソースコード指標から出荷後バグ数を単純に予測するのはむずかしいことがわかる。一方、ソースコード行数、サイクロマチック数および分岐条件数は、どの 2 指標間でも相関係数が 0.9 以上と非常に高い。散布図を見ても、一方が多ければ他方も多くなるという相関関係にある

2.6 ● ソースコード行数とネスト数の計測だけでも品質は向上する

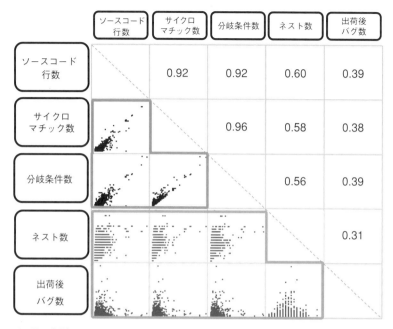

〈用語の定義〉
- ソースコード行数とは、プログラムの実行に必要な記述を含む行をいう。コメント行、空白行、コンパイラもしくはプリプロセッサにより読み飛ばされる行は含まない。
- サイクロマチック数とは、プログラムの制御フロー上における独立した経路の数をいう。
- 分岐条件数とは、複合条件を考慮して、おのおのの条件に分離してカウントした分岐条件の数をいう。
- ネスト数とは、制御命令やブロック記述などによるロジックのネスト数の最大値をいう。

図 2.15 ソースコード指標と出荷後バグ数の相関係数と散布図行列[21]

ことがわかる。したがって、これら3つの指標は同じ性質を示していると考えられるため、3つすべてを注視する必要はなく、どれか1つを管理すればよい。ここでは、ソフトウェア開発で必ず計測するソースコード行数を選ぶことにする。一方、ネスト数と他の3つの指標間では、相関係数が0.5〜0.6と一段低く、散布図からも明らかな傾向は見られない。このため、ネスト数は、ソースコード行数とは異なる性質を示していると思われるため、別に管理したほうがよいと考えられる。

第 2 章 ● ソフトウェア品質のホント・ウソを検証する

　次に、ソースコード行数およびネスト数と、出荷後バグ数の関係を分析する。あるシステムのサブシステム A ～ D を取り上げ、出荷後バグの有無で、各サブシステムを構成するファイルを 2 つに層別する。各ファイルが含む関数のうち、ソースコード行数およびネスト数の最大値を各ファイルの数値として、箱ひげ図により比較したのが図 2.16 および図 2.17 である。サブシステム A ～ D の中央値を比較すると、いずれも「出荷後バグあり」のファイル群のほうが、ソースコード行数およびネスト数は大きい。この分析結果から、ソースコード行数およびネスト数が大きいと出荷後バグが発生する危険性が高いことがわかる。コード行数が大きかったりネストが深いと、コードの見通しが悪くなるためバグを作り込みやすいことは、誰もが経験していることであり、それを裏付ける分析結果である。

　さらに、ソースコード行数およびネスト数にしきい値を設定し出荷後バグが発生したファイルの比率を比較した（図 2.18）。ソースコード行数およびネスト

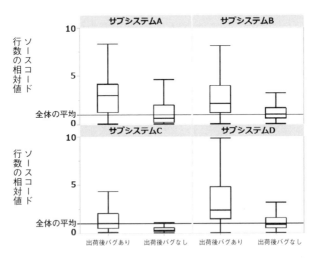

注）　ソースコード行数の計測方法：ソースコード行数はファイル単位で計測。1 ファイルに
　　複数関数を含む場合は、関数ごとに計測したソースコード行数のうち、最大値を使用

図 2.16　出荷後バグの有無とソースコード行数の関係[21]

2.6 ● ソースコード行数とネスト数の計測だけでも品質は向上する

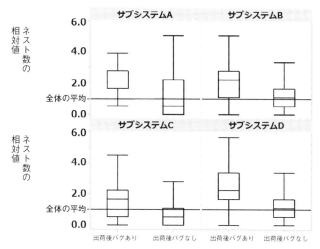

注) ソースコード行数の計測方法：ソースコード行数はファイル単位で計測。1ファイルに複数関数を含む場合は、関数ごとに計測したソースコード行数のうち、最大値を使用

図2.17 出荷後バグ数の有無とネスト数の関係[21]

数の両方のしきい値を超えるファイル群では、82.4％のファイルから出荷後バグが発生している。ソースコード行数またはネスト数のどちらか一方のしきい値を超えるファイル群では、どちらも50％超のファイルから出荷後バグが発生している。一方、ソースコード行数およびネスト数の両方のしきい値以内のファイルからの出荷後バグ発生は、わずか12.9％である。つまり、ソースコード行数およびネスト数のしきい値を超えないようにコーディングするだけで、出荷後バグを12.9％の水準に抑えることができるのである。これは非常な驚きではないか。

　ソースコード行数は150〜200行、ネスト数は4〜5程度が世の中の水準だと思う。設計時から意識して開発すれば、十分達成可能なしきい値である。ぜひ適用をお勧めする。

37

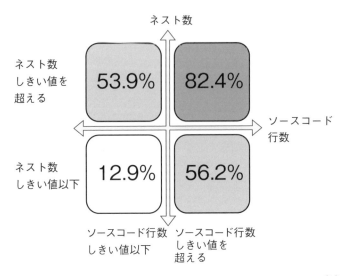

図 2.18　ソースコード行数とネスト数と出荷後バグ発生率の関係[21]

2.7 ▶ 本章のまとめ

　本章のまとめを表 2.2 に示す。表 2.2 は、多い、少ないといった相対的な関係を示す程度にとどまっており、読者の中には具体的な数値を示してほしいと考える方もいるだろう。残念ながら、具体的な数値は計測定義や開発環境などに左右されるため、各組織で分析する必要がある。また、表 2.2 で示す内容は、ウォーターフォールモデルのデータ分析結果であるものの、プロセスモデルに依らず通用するソフトウェア品質・生産性向上のポイントと考えられる

2.7 ●本章のまとめ

表2.2　ソフトウェア品質・生産性向上のポイント

1.　早期にバグを摘出するほど、品質も生産性も良い
　　・生産性を下げる大きな要因は、バグ修正による後戻りである。
　　・1件のバグ修正コストは、作り込んでから時間が経つほど増大する。

2.　出荷前のバグが多いと、品質が悪い
　　・出荷前のバグが多いのは、設計品質が悪いからである。

3.　SI系は機能設計まで、汎用SW系は詳細設計までで品質が決まる
　　・少しのレビューでバグがたくさん摘出されるのは、レビュー効率が良いので
　　　なく、設計品質が悪いことを示す。

4.　成熟度レベルが高いほど、品質が良い
　　・CMMIレベル1と2は、開発規模が大きいだけで失敗する。

5.　ソースコード行数とネスト数のしきい値を守るだけで、品質は向上する
　　・しきい値を超過すると、急激に出荷後バグ発生率が増大する。

第3章

ソフトウェア品質を審査する

　ウォーターフォールモデル開発のライフサイクルを通した計画審査、工程審査、および出荷判定の実施方法を具体的に解説する。審査で最も困るのは、審査本番で思ってもみなかった指摘を受けて不合格となることである。そうならないようにするには、よく考えられた審査基準を準備し、その審査基準達成に向けて、工程途中からきめ細かい確認とフィードバックを繰り返すことが欠かせない。本章では、具体的かつ実践的な審査基準を提示するとともに、工程途中を含めて審査を円滑に進めるためのポイントを説明し、ソフトウェア品質保証を確実に実施する方法を解説する。

第 3 章 ● ソフトウェア品質を審査する

3.1 ▶ ウォーターフォールモデルの審査の考え方

(1) 本章の概要

　ウォーターフォールモデルは、あらかじめ立案した計画に従って、設計、コーディング、テストの工程を順番に実施するプロセスモデルである。ウォーターフォールモデルでの品質確保の秘訣は、各工程で着実に品質を作り込み、それを積み上げていくことにある。したがって、各工程の終了時に、その工程で作り込むべき品質の達成状況を的確に判断できるどうかが、品質確保に直結する。その役割を果たすのが審査である。本書では、ソフトウェア開発のQCD(Quality：品質、Cost：コスト、Delivery：納期)の審査に限定して解説する。

　ウォーターフォールモデルの審査には、開発開始前の計画審査、各工程終了時の工程審査、および出荷直前の出荷判定がある。ウォーターフォールモデルの審査と適用する分析評価技法を**図 3.1** に示す。各審査を解説した節および各分析評価技法を解説した章を図 3.1 に合わせて示す。本書で想定する開発プロセスは、図 1.5(**1.4 節**)に示す V 字モデルである。

(2) 審査基準の特徴

　審査基準は、計画審査、工程審査、および出荷判定の 3 種類である。本書で解説する審査基準の構成を**図 3.2** に示す。

　計画審査基準は、①見積りの妥当性、②作業計画の妥当性、③リスク管理計画の妥当性の 3 カテゴリの基準により構成する。

　工程審査基準は、①プロセス品質、②プロダクト品質の両面からの基準で構成する(その理由は 1.3 節参照)。工程審査基準は、基本設計(BD)工程〜総合テスト(ST)工程の各終了審査で使用する。プロセス品質は、定量データ分析(第 4 章にて解説)とバグのなぜなぜ分析技法(第 5 章)を、プロダクト品質は、仕様書の評価(第 6 章)とソフトウェアの評価技法(第 7 章)を適用して確認する。

3.1 ● ウォーターフォールモデルの審査の考え方

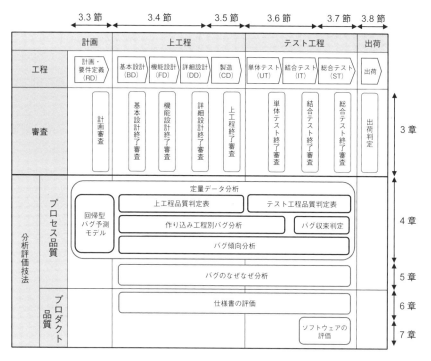

図 3.1　本書で解説する審査と分析評価技法の適用場面(図 1.4 再掲)

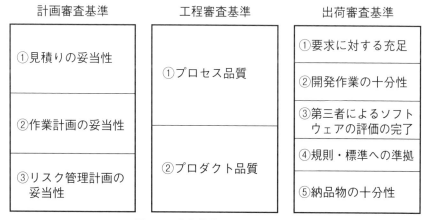

図 3.2　審査基準のカテゴリ構成

これらの適用結果を用いて、各工程の審査基準に対する達成状況を確認し、工程終了の合否を判定する。

出荷審査基準は、①要求に対する充足、②開発作業の十分性、③第三者によるソフトウェア評価の完了、④規則・標準への準拠、および⑤納品物の十分性の5カテゴリの基準から構成される。

本審査基準の特徴は、基準を定量指標にすることで、属人性を排除し、判定者が変わっても同じ判定結果を得られるようにしている点である。判定者により判定結果が変わるのでは、その組織が開発するソフトウェアの品質レベルを保証できない。事業環境の変化により要求品質が変化する場合は、審査基準の見直しで対応すべきである。本書に示す審査基準は、実際の開発現場で繰り返し適用しながら見直してきた結果であり、実効性は確認済みである。ぜひこのまま適用することを検討し、どうしてもビジネス環境に合わない部分をカスタマイズするという手順で適用してほしい。

3.2 ▶ 審査の概要

（1） 審査の全体像

本書で想定するソフトウェア開発プロジェクトの体制と役割について、**図3.3**に体制図を、**表3.1**に役割を示す。

審査の全体概要を**表3.2**に示す。各審査の合否判定は、プロジェクト責任者である組織長が行う。少なくともプロジェクトリーダーが自分で自分のプロジェクトを審査すべきではない。客観的にQCDを見通し、予算面で責任をもつ組織長がプロジェクト責任者として判定する。ただし、プロジェクト規模の特性に応じて、各工程審査はプロジェクトリーダーに権限を委譲する場合もある。この場合でも、計画審査と出荷判定はプロジェクト責任者が行うべきである。

審査は、会議形式で行う。ただし、プロジェクトの規模や重要度を考慮して、

3.2 ● 審査の概要

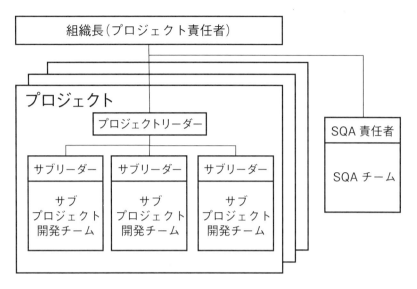

図3.3　本書で想定するプロジェクト体制図

表 3.1　本書で想定する組織内の役割

役割	説明
組織長 (プロジェクト責任者)	予算面で最終責任をもつ当該プロジェクトの責任者である。プロジェクトにおいては、審査の合否判定をする。通常、組織内に複数のプロジェクトをもつ。
プロジェクトリーダー	当該プロジェクトの実務面のリーダーである。通常、プロジェクトの開発は複数のサブプロジェクトに分割され、リーダーはサブプロジェクト全体をマネジメントする。
サブリーダー	当該サブプロジェクトのリーダーである。当該サブプロジェクト開発チームをマネジメントする。
SQA 責任者	SQA(Software Quality Assurance：ソフトウェア品質保証)チームの責任者である。プロジェクトとは独立した第三者の立場で品質保証を行う。組織によっては、PMO(Project Management Office)が設置されていることもある。また、プロジェクト内に SQA の役割をアサインする場合もある。

45

第3章 ● ソフトウェア品質を審査する

表 3.2 審査の全体概要

		計画審査	工程審査（BD～ST）	出荷判定
目的		プロジェクト開始の可否を判定する。	当該工程を終了し次工程開始の可否を判定する。	最終成果物の出荷の可否を判定する。
実施時期		プロジェクト開始前	各工程終了時（次工程開始前）	開発終了時
会議資料		プロジェクト開発計画書	工程終了報告書	出荷判定資料
出席者	組織長（プロジェクト責任者）	◎	◎（プロジェクト規模などの特性に応じてプロジェクトリーダーに権限を委譲する場合もある）	◎
	プロジェクトリーダー	○	○	○
	サブリーダー	△	○	△
	SQA責任者	△	△	△
会議形式		会議	会議（小規模プロジェクトの場合は、上工程（CD）終了時のみ会議、それ以外は書類審査とする）	会議
実施事項	会議前	·実施すべき作業をすべて完了する。·審査資料を作成する。		
	会議	·審査資料をもとに審議し、合否を判定する。		
	会議後	·議事録を作成する。·判定が不合格の場合には、その対応と再度判定をするための準備をする。·会議における指摘事項をフォローする。		

注）出席者：◎：合否判定者、○：必須参加者、△：任意参加者

開発途中の工程審査を書類審査形式とする場合もある。その場合でも、上工程が完了する上工程(CD)工程移行審査は、プロジェクトの成功を見極める重要なポイントになるので、会議形式で行うべきである。

(2) 審査の流れ

図3.4に審査の流れを示す。審査前では、審査までに実施すべき作業をすべて終了し、必要なデータの収集と分析を行い、審査資料を作成する。これらの準備が終わった段階で審査を行う。審査会議の開催可否の判断を行い、準備が不完全な状態で審査を行わないようにする。準備が不完全な段階での審査は時間がかかるうえに、情報が不足していると合否判定ができず、効率が悪い。

審査では、参加者、司会進行、判定者をあらかじめ決めておき、決められたアジェンダに沿って進行する。アジェンダは、審査資料の説明、審査基準の達成状況確認、質疑応答、合否判定、判定後の予定確認である。合否判定は、**表3.3**に示す審査での合否判定ルールに従って判定する。

審査後には、議事録を作成し、会議での指摘事項のフォローを行う。判定が不合格の場合には、審査基準に未達項目があるはずなので、その未達項目の対応後、再出荷判定を開催し、合格判定を得る。

図3.4 審査の流れ

第3章●ソフトウェア品質を審査する

表 3.3　審査での合否判定ルール

判定	条件	合格のために必要な作業
合格	審査基準をすべて達成している。	なし
条件付き合格	審査基準をすべて達成しているが、懸念事項がある。	懸念事項の解決が合格条件となる。懸念事項を解決し、合否判定者が条件解除と判断すれば、合格
不合格	審査基準に未達成項目がある。	未達成項目の対応後、再出荷判定を開催し、合格判定を得る。

（3）　工程審査のコツ

　開発途中の各工程終了時に実施する工程審査を取り上げて、そのコツを説明する。工程審査を効果的に運営するための大前提は、工程審査の手順や基準を明確にして開発チーム全員が理解していることである。審査直前に審査基準を検討するのでは、審査する意味が薄れてしまう。なぜなら、日々の開発の中で、審査基準を意識した開発が行われること、すなわち、日々、品質を作り込む開発が行われていなければ意味がないからである。審査時点では、日々の作業が積み重ねられた結果について、プロジェクト責任者を中心にした開発チームメンバーが確認する程度で済むのが、審査の理想である。

　工程審査を効果的に行うポイントを以下に示す。

① **審査基準の達成を工程途中から意識する**

- 工程終了審査基準や出荷審査基準を見据えて、開発工程の途中から基準を達成できるかを意識する。
- 審査基準のなかに未達成項目がある場合は、早い段階からその解決に取り組む。

② **定期的に開発状況を分析し、問題点を抽出する**

- 開発途中に問題発生を検知したら、タイムリーに解決を図る。工程終了時や出荷判定時に初めて問題を認識しても遅い。

③ **プロセス品質とプロダクト品質との整合性を確認する**

- 定量データ分析からわかるプロセス品質と、"開発の実態"が示すプロダ

クト品質が矛盾する場合は、矛盾する原因を突き止めて対策をとる。"開発の実態"とは、仕様書や出来上がったソフトウェアに対する評価結果に加えて、実際の開発現場で起きている事象を含める。矛盾とは、例えばデータ分析では問題なしに見えるにもかかわらず、実際の開発現場は混乱し、最終版の設計仕様書すら特定できないといった状況である。

- データ指標は、事象の側面を切り取って定量化する方法のため、その時点で問題となる"開発の実態"を表していないことがある。それが矛盾の原因の場合は、指標の定義や測定方法の変更や追加を検討する。

（4） プロジェクト規模に合わせたプロダクト品質の審査

　工程審査は、プロセス品質とプロダクト品質の両面から審査することは既に述べたとおりである。プロダクト品質の審査のために、筆者らは第三者による仕様書の評価とソフトウェアの評価を推奨する。第三者とは、当該プロジェクト外、またはプロジェクト内の場合はその成果物の作成に直接携わらない方をいう。これらの評価の実施には、評価者の割り当てが必要となるため、特に小規模プロジェクトではそれほどの費用はかけられないという現場が多い。ここでは参考のため、プロジェクト期間に応じたプロダクト品質の審査例を説明する（**表 3.4**）。

　プロジェクト期間が 1 年以上となる大規模プロジェクトでは、失敗時の影響が非常に大きいため、第三者による仕様書の評価とソフトウェアの評価を全工程にわたって実施する。

　半年程度の中規模プロジェクトでは、仕様書の評価を FD 工程と IT 工程で実施する。その理由は、プロジェクトの成功が FD 工程までに決まる（**2.4 節**）ためと、テスト仕様書の評価は FD 工程と対応する IT テスト工程が実施しやすいためである。その 2 工程を確認すれば、他の工程の結果も類推できるという経験もこの 2 工程選択の理由である。

　小規模プロジェクトのうち期間が 3 か月程度の場合は、FD 工程のみ仕様書の評価を実施する。1 か月程度の場合は、仕様書の評価は期間的に実施がむず

第 3 章 ● ソフトウェア品質を審査する

表 3.4　プロジェクト期間ごとのプロダクト品質の審査（例）

プロジェクトの種類	プロジェクト期間	プロダクト品質の審査	工程						
			BD	FD	DD	CD	UT	IT	ST
大規模プロジェクト	1 年以上	仕様書の評価	○	○	○		○	○	○
		ソフトウェアの評価							○
中規模プロジェクト	半年	仕様書の評価		○				○	
		ソフトウェアの評価							○
小規模プロジェクト	3 か月	仕様書の評価		○					
		ソフトウェアの評価							○
	1 か月	仕様書の評価							
		ソフトウェアの評価							○

〈記号の意味〉○：実施する、空欄：実施しない

かしいため省略し、ソフトウェアの評価のみとする。

　ソフトウェアの評価は、プロジェクトの期間にかかわらずすべてのプロジェクトで実施する。ただし、評価規模はプロジェクト規模に応じて変化させる。たとえば大規模プロジェクトでは、複数人で構成する評価チームにより数週間程度のソフトウェア評価を実施する。一方、小規模プロジェクトでは、一人 1 日程度のアドホック評価でも十分である。

　なお、プロジェクト規模にかかわらず、プロセス品質の審査は必ず実施すべきである。

　以降の節で、計画から開発終了までの開発の流れに沿って、審査方法を具体的に説明する。

3.3 ▶ 計画審査

（1）　計画審査の概要

　計画審査は、開発計画が計画審査基準を達成していることを確認し、プロジェクト開始の可否を判断するものである。プロジェクト開始前に実施し、プ

ロジェクトの目標とする QCD を達成可能な計画となっているかを、客観的な視点から見極める。

(2) プロジェクトの適切な分割

　プロジェクトがある程度の規模より大きくなる場合、適切な大きさのサブプロジェクトに分割する必要がある。大規模プロジェクトをサブプロジェクトに分割せずにマネジメントすると、対象が大きすぎるために、問題の局所化ができず、問題を見逃すリスクが高まる。逆に、プロジェクトを分割しすぎると、必要以上に管理コストのオーバーヘッドがかかる。以下に、プロジェクトを分割して、サブプロジェクトの単位で管理する際の指針を示す。

【サブプロジェクト分割の指針】

　サブプロジェクトの大きさは、開発規模 20KL 以下を目安とする。分割の考え方として、以下を参考にする

- 開発する機能単位に分割
- 開発を委託する会社ごとに分割
- 開発特性の異なる項目は分割

　　例：移植開発の項目とそうでない項目を分ける。

　　例：OS やハードウェアの新規プラットフォーム対応の項目とそうでない項目は分ける。

- 別のプロジェクトに吸収される可能性のある項目は、あらかじめ分ける

　　例：次期リリースのための先行開発部分を分ける。

(3) 計画審査のインプット

　計画審査のインプットは、開発計画書である。開発計画書には、計画審査に必要な以下の内容が含まれているものとする。各帳票は、計画審査時までに明確にすべき事柄が決定していなければならない。

- 品質会計票(**表 3.5**)
- 品質会計総括表(**表 3.6**)

表 3.5　品質会計票（例）

プロジェクト名	XXX システム Version2.0 開発
報告日	2018/10/1
報告者	第一システム開発本部・山田

	工程		計画	BD	FD	DD	CD	上工程計	UT	IT	ST	テスト工程計	全工程計
開発規模	新規+改造(KL)	予定・	60										
	流用(KL)	実績											
	新+改+流(KL)	(CD以降)	60										
日程	開始日	予定			2018/10/1	2018/10/20	2018/11/1		2018/11/20	2018/11/20	2017/11/20		
		実績											
	完了日	予定			2018/10/20	2018/10/30	2018/11/20		2018/12/1	2018/12/10	2017/12/15		2018/12/28
		実績											
	工程完了遅延日数												
工数	工数	予定			1360	772	1360	3492	732	1530	1360	3622	7114
		実績											
	進捗率												
	工数密度	予定			22.7	12.9	22.7	58.2	12.2	25.5	22.7	60.4	118.6
		実績											
レビュー	レビュー工数	予定			264	282	300	846	240	225	211	676	
		実績											
	進捗率												
	レビュー密度	予定			4.4	4.7	5.0	14.1					
		実績											
テスト	新規項目数	予定							6000	3600	1200	10800	
		実績										0	
	既存項目数	予定										0	
		実績										0	
	項目消化率												
	項目数密度	予定							100.0	60.0	20.0	180.0	
		実績											
設計書	ページ数	予定			200	500		700					
		実績											
	ページ密度	予定			3.3	8.3		11.7					
		実績											
バグ	摘出数	予定			132	174	270	576	84	54	6	144	720
		実績											
	摘出率												
	摘出数分布	予定			18.3%	24.2%	37.5%	80.0%	11.7%	7.5%	0.8%	20.0%	100.0%
		実績											
	バグ密度	予定			2.2	2.9	4.5	9.6	1.4	0.9	0.1	2.4	12.0
		実績											
	作り込み数	予定			137	194	389	720					
		実績											
	作り込み数分布	予定			19.0%	27.0%	54.0%	100.0%					
		実績											

3.3 ● 計画審査

- 作業計画表（**表 3.7**）
- リスク管理計画表（**表 3.8**）

なお、プロジェクトをサブプロジェクトに分けた場合、これらの帳票は、サブプロジェクト単位で作成し、それらを集めてプロジェクト全体の帳票を作るとプロジェクトの見通しがよくなる。特に、品質会計票（表 3.5）はサブプロジェクト単位の品質会計票を集計した帳票を品質会計総括表（表 3.6）にまとめることで、サブプロジェクト間の定量データの比較がしやすくなる。表 3.5 〜 3.8 に示す事例は、機能設計工程から開始するプロジェクトの事例である。

(4) 計画審査のポイント

計画審査基準は、「1. 見積りの妥当性」、「2. 作業計画の妥当性」、「3. リスク管理計画の妥当性」の 3 カテゴリから構成される。以下に、カテゴリ順に、特に注意して確認すべき内容を説明する。

＜計画審査基準＞ 1. 見積りの妥当性のポイント

見積りの妥当性の審査基準のポイントについて解説していく。見積りの妥当性は、主に品質会計票（表 3.5）と品質会計総括表（表 3.6）を参照して確認する（表 3.9）。

① 開発規模

すべての開発要件が漏れなく開発規模を見積もられていることを確認する。開発規模はプロジェクトの大きさを表す重要な指標である。開発規模をもとに、工数の見積りや、定量データのバグ密度やレビュー工数の正規化に使用される。

開発規模は、開発要件を細分化し、細分化された要件ごとに見積もる。

② 工数

開発規模と組織などの基準をもとに、工数が適切に見積もられているかを確認する。この値に乖離がある場合には、想定する納期や開発人数に対して不整合が生じていると考えられるため、計画の見直しが必要になる。

53

第3章●ソフトウェア品質を審査する

表 3.6　品質会計

No	サブプロジェクト名	規模(KL)		現工程	日			
		新規改造規模			BD 開始日	BD 完了日	FD 開始日	FD 完了日
		予定	実績		予定	予定	予定	予定
1	A 機能開発	15.0		計画			2017/10/1	2017/10/20
2	B 機能開発	20.0		計画			2017/10/1	2017/10/20
3	C 機能開発	15.0		計画			2017/10/1	2017/10/20
4	D 機能開発	10.0		計画			2017/10/1	2017/10/20
計	プロジェクト全体	60.0		計画			2017/10/1	2017/10/20

→上からの続き

							工		
BD	FD	DD	CD	UT	IT	ST	上工程	テスト	全工程
予定	予定	予定	予定	予定	予定	予定	予定	予定	予定
	340	193	340	183	383	340	873	906	1779
	453	257	453	244	510	453	1163	1207	2370
	340	193	340	183	382	340	873	905	1778
	227	129	227	122	255	227	583	604	1187
	1360	772	1360	732	1530	1360	3492	3622	7114

→上からの続き

					レビュー工数				
BD	FD	DD	CD	上工程	予定レビュー工数密度(人時 /KL)				
予定	予定	予定	予定	予定	BD	FD	DD	CD	上工程
	66	71	75	212		4.4	4.7	5.0	14.1
	88	94	100	282		4.4	4.7	5.0	14.1
	66	71	75	212		4.4	4.7	5.0	14.1
	44	47	50	141		4.4	4.7	5.0	14.1
	264	283	300	847		4.4	4.7	5.0	14.1

注)　実際の表は横方向にひと続きだが、紙面の都合で段に分けている。

3.3 ●計画審査

総括表（例）

程									
DD 開始日	DD 完了日	CD 開始日	CD 完了日	UT 開始日	UT 完了日	IT 開始日	IT 完了日	ST 開始日	ST 完了日
予定	予定	予定	予定	予定	予定	予定	予定	予定	予定
2017/10/20	2017/10/30	2017/11/1	2017/11/20	2017/11/20	2017/12/1	2017/11/20	2017/12/10	2017/11/20	2017/12/15
2017/10/20	2017/10/30	2017/11/1	2017/11/20	2017/11/20	2017/12/1	2017/11/20	2017/12/10	2017/11/20	2017/12/15
2017/10/20	2017/10/30	2017/11/1	2017/11/20	2017/11/20	2017/12/1	2017/11/20	2017/12/10	2017/11/20	2017/12/15
2017/10/20	2017/10/30	2017/11/1	2017/11/20	2017/11/20	2017/12/1	2017/11/20	2017/12/10	2017/11/20	2017/12/15
2017/10/20	2017/10/30	2017/11/1	2017/11/20	2017/11/20	2017/12/1	2017/11/20	2017/12/10	2017/11/20	2017/12/15

数									
			予定工数密度（予定工数 / 予定規模）						
BD	FD	DD	CD	UT	IT	ST	上工程	テスト	全工程
	22.7	12.9	22.7	12.2	25.5	22.7	58.2	60.4	118.6
	22.7	12.9	22.7	12.2	25.5	22.7	58.2	60.4	118.5
	22.7	12.9	22.7	12.2	25.5	22.7	58.2	60.3	118.5
	22.7	12.9	22.7	12.2	25.5	22.7	58.3	60.4	118.7
	22.7	12.9	22.7	12.2	25.5	22.7	58.2	60.4	118.6

テスト項目数							
UT 新規	IT 新規	ST 新規	新規合計	予定新規テスト項目数密度			
予定	予定	予定	予定	UT	IT	ST	計
1500	900	315	2715	100.0	60.0	21.0	181.0
2000	1200	420	3620	100.0	60.0	21.0	181.0
1500	900	315	2715	100.0	60.0	21.0	181.0
1000	600	210	1810	100.0	60.0	21.0	181.0
6000	3600	1260	10860	100.0	60.0	21.0	181.0

第3章 ● ソフトウェア品質を審査する

表 3.6　品質会計

→前からの続き

| | | | | | | | | | | バ |
| BD 摘出 | FD 摘出 | DD 摘出 | CD 摘出 | UT 摘出 | IT 摘出 | ST 摘出 | 上工程 | テスト | 全工程 |
予定	予定	予定	予定	予定	予定	予定	予定	予定	予定
	33	44	68	21	14	2	145	37	182
	44	58	90	28	18	2	192	48	240
	33	43	67	21	13	1	143	35	178
	22	29	45	14	9	1	96	24	120
	132	174	270	84	54	6	576	144	720

→上からの続き

| | | | | | | | | | | バ |
| 予定バグ密度(予定バグ件数 / 予定規模) | | | | | | | | | |
BD	FD	DD	CD	UT	IT	ST	上工程	テスト	全工程
	2.2	2.9	4.5	1.4	0.9	0.1	9.7	2.5	12.1
	2.2	2.9	4.5	1.4	0.9	0.1	9.6	2.4	12.0
	2.2	2.9	4.5	1.4	0.9	0.1	9.5	2.3	11.9
	2.2	2.9	4.5	1.4	0.9	0.1	9.6	2.4	12.0
	2.2	2.9	4.5	1.4	0.9	0.1	9.6	2.4	12.0

注)　実際の表は横方向にひと続きだが、紙面の都合で段に分けている。

3.3 ●計画審査

総括表（続き）

グ								
				予定バグ摘出数工程別分布				
BD	FD	DD	CD	UT	IT	ST	上工程	テスト
	18%	24%	37%	12%	8%	1%	80%	20%
	18%	24%	38%	12%	8%	1%	80%	20%
	19%	24%	38%	12%	7%	1%	80%	20%
	18%	24%	38%	12%	8%	1%	80%	20%
	18%	24%	38%	12%	8%	1%	80%	20%

グ									
	予定作り込み工程バグ数					予定作り込み工程別分布			
BD	FD	DD	CD	計	BD	FD	DD	CD	合計
	34	49	97	180		19%	27%	54%	100%
	46	64	130	240		19%	27%	54%	100%
	34	49	97	180		19%	27%	54%	100%
	23	32	65	120		19%	27%	54%	100%
	137	194	389	720		19%	27%	54%	100%

第 3 章 ● ソフトウェア品質を審査する

表 3.7 作業

プロジェクト名：XX プロジェクト			報告日：2018/10/01			
項番	工程					月
	工程名		開始日	完了日	―	日
1	BD					
2	FD		2018/10/1	2018/10/20		
3	DD		2018/10/20	2018/10/30		
4	CD		2018/11/1	2018/11/20		
5	UT		2018/11/20	2018/12/1		
6	IT		2018/11/20	2018/12/10		
7	ST		2018/11/20	2018/12/15		
項番	審査日程					月
	審査種別		実施日	―	―	日
1	基本設計終了審査					
2	機能設計終了審査		2019/10/18			
3	詳細設計終了審査		2019/10/28			
4	上工程終了審査		2019/11/18			
5	単体テスト終了審査		2019/11/29			
6	結合テスト終了審査		2019/12/8			
7	総合テスト終了審査		2019/12/13			
8	出荷判定事前会議		2019/12/15			
9	出荷判定会議		2019/12/22			
10	出荷判定会議（予備）		2019/12/27			
項番	作業項目					月
	大項目	中項目	開始日	完了日	担当	日
1	WBS 詳細化		2018/9/20	2019/9/27	A	
2		基本設計レビュー				
3	レビュー計画	機能設計レビュー	2018/10/15	2019/10/20	A,B	
4	（担当欄はレビュー	詳細設計レビュー	2018/10/25	2019/10/30	A,C	
5	アを示す）	コードレビュー	2018/11/15	2019/11/20	A,C	
6		単体テスト設計レビュー	2018/11/20	2019/11/25	A,C	
7		結合テスト設計レビュー	2018/11/25	2019/11/30	A,B	
8		総合テスト設計レビュー	2018/12/1	2019/12/5	A,B	
9	テスト計画	テスト方針作成	2018/11/17	2019/11/18	A	
10		テスト環境作成	2018/11/18	2019/11/19	B	
11		性能テスト	2018/12/1	2019/12/7	A,B	
12		長時間負荷テスト	2018/12/12	2019/12/15	A,B	
13	ソースコード検証計画	コード指標算出ツール	2018/11/20	2019/11/22	D	
14		バグ摘出ツール	2018/11/22	2019/11/24	D	
15		バグ摘出ツール最終確認	2018/12/15	―	A,D	
16		セキュリティ脆弱性検証ツール	2018/11/24	2019/11/26	D	
17		セキュリティ脆弱性ツール最終確認	2018/12/14	―	A,D	
18		OSS 混入検知ツール	2018/11/26	2019/11/28	D	
19		OSS 混入検知ツール最終確認	2018/12/14	―	A,D	
20	セキュア開発計画	BD セキュア開発設計				
21		FD セキュア開発設計	2018/10/5	2019/10/10	A,B	
22		DD セキュア開発設計	2018/10/22	2019/10/24	A,C	
23		CD セキュア開発設計	2018/11/10	2019/11/15	A,C	
24		UT セキュア設計テスト	2018/11/20	2019/11/25	A,C	
25		IT セキュア設計テスト	2018/11/25	2019/11/30	A,B	
26		ST セキュア設計テスト	2018/12/1	2019/12/5	A,B	
27	OSS 活用計画	OSS 活用計画立案	2018/10/5	2019/10/15	A,D	
28		OSS 実装	2018/11/15	2019/11/20	D	
29		OSS テスト	2018/11/30	2019/12/5	A,D	
30	その他					

3.3 ●計画審査

計画表（例）

9				10				11				12				
9	16	23	30	7	14	21	28	4	11	18	25	2	9	16	23	30

9				10				11				12				
9	16	23	30	7	14	21	28	4	11	18	25	2	9	16	23	30

9				10				11				12				
9	16	23	30	7	14	21	28	4	11	18	25	2	9	16	23	30

表 3.8　リスク管理計画表（例）

プロジェクト名： XX プロジェクト	報告日： 2019/10/01

項番	リスク分析					リスク予防計画			リスク軽減計画			リスク回避計画		
	分析内容	発生確率	影響度	危険度	優先順位	計画内容	実施時期	担当者	計画内容	実施時期	担当者	計画内容	実施時期	担当者
1	顧客要件に開発未経験の技術がある。	高い	高い	高い	1	未経験の開発技術の習得計画を立てる。	計画時	A	当該技術の経験者を探しプロジェクトへの参画を調整する。	計画時	A	当該技術のプロトタイプを作成し実現可能性を判断する。	FD完了時	A
2														
3														
4														
5														
6														
7														
8														

③　工期

　作業項目の順序の矛盾や、保有工数を無視した線表、工程の無理な重なりがないかを確認する。

　　• 作業項目の確認例

　　　▶工程順が入れ替わっていることがない。

　　　▶工程の重なりは２工程までとする。３工程が重なると失敗の危険性が

3.3 ●計画審査

表 3.9　計画審査基準　1. 見積りの妥当性

カテゴリ		審査観点	審査指標	合格基準値
1.　見積りの妥当性				
①	開発規模	• 開発要件から、開発規模が適切に見積もられているか ※開発要件をできるかぎり詳細化し、詳細化された要件ごとに規模を見積もり算する	• 開発規模見積り率 ※開発規模見積り率＝ 　(見積り済開発要件数 / 全開発要件数) × 100	100%
②	工数	• 開発規模と組織などの基準をもとに、工数が適切に見積もられているか	• 基準乖離率 ※基準乖離率＝ 　(見積り工数 / 基準工数－1) × 100	しきい値内
③	工期	• 工数、WBS、開発人数をもとに、工期の適切性を確認しているか	• 工期の適切性確認率 ※工期の適切性確認率＝ 　(工期の適切性を確認した工程数 / 全工程数)×100	100%
④	定量データ	• 組織等の基準をもとに、工程ごとの目標値を設定しているか ※工程ごとの目標値とは、工数(設計開発工数、レビュー工数)、バグ数、テスト項目数をいう	• 基準乖離率 ※基準乖離率＝ 　(目標値 / 基準値－1) × 100 ※全目標値に対して基準乖離率を確認する。	しきい値内

高い。

▶第三者によるソフトウェアの評価を行う場合は、開発チームによる総合テストが終了した最終版のソフトウェアに対して実施し、評価完了後に出荷判定を開催する。

④　定量データ

定量データは、工程ごとの開発工数、レビュー工数、バグ数、テスト項目数の目標値を見積もる。見積り値は、過去の実績や組織基準値と比べて、大きく外れていないことを確認する。特に、レビュー工数や新規テスト項目数は、品質を確保するための作業量を示す重要な指標なので、組織基準値を下回らないように目標設定すべきである。

ただし、開発対象が従来に比べて技術的に難易度が高い場合や、開発チームに経験の浅いメンバーがいる場合には、基準値と同じ値で見積りをするのではなく、値を増減させてこれらの要因を反映させる。

見積もり工数が保有工数や納期に収まらない場合には、開発開始時点で大きなリスクを負うことになるので、調整する。調整しても解決できない場合には、重要なリスクとして取り上げてリスク管理をする。

バグの目標値は他の定量データの見積りと同様に、過去の実績や組織の基準値をもとに設定する。回帰型バグ予測モデル(4.2節)を使用して設定してもよい。

バグ目標値の各工程の分布には、上工程バグ摘出率を考慮する。上工程バグ摘出率とは、出荷前の全摘出バグ数に対する上工程摘出バグ数の割合である。バグは上工程で作り込まれるため、上工程で取り切る努力目標でもあり、品質を確保する実力を測る指標ともいえる。上工程バグ摘出率が高くなるように各工程のバグ目標値の配分を考えて設定する(4.2節)。

＜計画審査基準＞ 2. 作業計画の妥当性のポイント

次に、作業計画の妥当性の審査基準のポイントについて解説していく。作業計画の妥当性は、主に作業計画表(表3.7)を参照して確認する(表3.10)。

① **WBS 化**

すべての実施すべき作業を適切な詳細度で WBS 化しているかを確認する。計画時にすべての作業を同じ粒度で WBS 化できない場合は、WBS 化する期限を明確にする。

② **レビュー計画**

レビュー計画では、工程ごとの全成果物に対してレビュー計画を立案し、実施時期やレビューアを明確にする。

③ **テスト計画**

テスト計画では、性能、負荷、長時間運用のように非機能要件の計画も明確にする。また、テスト計画にはテスト方針やテスト環境の準備工数や期間も明確にする。

④ **ソースコード検証計画**

出荷判定直前に初めてツールを実行して検証するのでは遅い。修正の後戻り

3.3 ● 計画審査

表 3.10 計画審査基準 2. 作業計画の妥当性

カテゴリ		審査観点	審査指標	合格基準値
2. 作業計画の妥当性				
①	WBS 化	• 実施すべき作業を、適切な詳細度で WBS 化しているか	• WBS 化率 ※ WBS 化率＝（WBS 化した作業数 / WBS 化すべき全作業数）× 100	100%
②	レビュー計画	• 各成果物のレビュー計画を立案したか ※工程ごとの全成果物に対して、レビュー計画を立案する。 ※レビュー計画には、実施時期およびレビューアを明記する。	• レビュー計画立案率 ※レビュー計画立案率＝（立案済の成果物数 / 全成果物数）× 100	100%
③	テスト計画	• 実施すべきテストの種類を挙げ、テストごとにテスト計画を立案したか ※実施すべきテストには、性能や負荷テストの非機能要件のテストを含む。 ※テスト計画には、テスト方針、テスト環境の準備を明記する。	• テスト計画立案率 ※テスト計画立案率＝（立案済のテスト数 / 全テスト数）× 100	100%
④	ソースコード検証計画	• 実施すべきソースコード検証ツールを挙げ、ツールごとに適用計画を立案したか ※実施すべきソースコード検証ツールには、バグ摘出ツール、セキュリティ脆弱性チェック、OSS 不正使用チェックを含む。	• ソースコード検証計画の立案率 ※ソースコード検証計画の立案率＝（立案済のツール数 / 全ツール数）× 100	100%
⑤	セキュア開発計画	• 工程ごとに実施すべきセキュア開発項目を、立案したか	• セキュア開発項目の立案率 ※セキュア開発項目の立案率＝（セキュア開発項目を立案済の工程数 / 全工程数）× 100	100%
⑥	OSS 活用計画	• OSS 活用計画は立案したか	• OSS 活用計画の立案率 ※ OSS 活用計画の立案率＝（活用計画を立案済の OSS 数 / 活用予定の全 OSS 数）× 100	100%
⑦	その他遵守事項	• その他の必要な法令や規則に対する遵守計画を、立案したか	• その他遵守計画の立案率 ※その他遵守計画の立案率＝（遵守計画を立案済の法令や規則の数 / 遵守すべき全法令や規則の数）× 100	100%

第3章●ソフトウェア品質を審査する

---

column

バグ目標値の設定がむずかしい場合の対応方法

　新しい領域の開発のように過去の実績データがない場合には、目標設定がむずかしい。最初は組織基準値をそのまま利用して、実績を見ながら適切に軌道修正をする。それもむずかしい場合には、以下に示すような目標管理の代替手段も考えられる。

- テスト工程の実績管理から始める。設計時のバグ定義が曖昧な場合や、バグを計測することに慣れていない場合には、上工程のバグ数管理はむずかしい。設計に比べてテストのバグのほうが、バグ判定がしやすく、データを収集しやすい。
- 全工程のバグ数の実績管理のみを行う。実績値の各サブプロジェクト間の相対比較も有効である。
- 一番に改善したい課題領域を集中的に管理する。闇雲にすべてのデータを収集することは避けるべきである。まずはテストで品質を確保することに注力したいならば、テスト項目数やテストバグ数を管理する。また、テストにおける管理は十分にできているので、上工程における設計品質の確保に着手したいならば、レビュー工数、仕様書ページ数、バグ数を管理する、という具合にメリハリをつける。

が大きくならないように各工程の適切な実施時期を計画する。

- CD工程では、コード作成に伴いタイミングよくツールを使って検証し、コード作成の一環となるようにするのがコツである。そのためには、当日に開発したコードを夜間にツールを実行して翌日に修正できるようにするなど、開発環境を自動化する。CD工程で実施すべきソースコード検証には、コード指標、OSS混入検知、バグ摘出（静的解析）、セキュリティ脆弱性がある。

3.3 ●計画審査

- 出荷判定直前には、再度、すべてのツールを実行して問題箇所が修正されていることを確認する。

⑤ **セキュア開発計画**

　セキュア開発は、要件定義、設計、コーディングの各段階で脆弱性を作り込まないように開発し、それを前提としてテストの段階では脆弱性がないことを確認する開発の考え方であり、その対象は開発の全工程に及ぶ。セキュア開発計画では、当該開発において、どのようなセキュア要件を盛り込むべきかを計画し、各工程で実施すべきセキュア開発項目を明確にする。この場合、セキュア開発用の各工程のチェックリストを標準化しておく。

⑥ **OSS 活用計画**

　OSS を活用する場合には、ライセンス遵守の施策、開発者の経験に応じたスキル習得や試行の対策、OSS の品質を確認する対策を計画段階に考慮しておく必要がある。したがって、これらの具体的な施策内容が明確になっているかを確認する。

⑦ **その他遵守事項**

　OSS ライセンス遵守以外にも、対象となる業種や要件に必要な法令や規則がある場合には、遵守すべき内容を抽出して遵守計画を明確にする。遵守すべき事項には、たとえば機能安全規格がある。

＜計画審査基準＞ 3. リスク管理計画の妥当性のポイント

　次に、リスク管理計画の妥当性の審査基準のポイントについて解説していく。リスク管理計画の妥当性は、主にリスク管理計画表(表 3.8)で確認する(**表 3.11**)。

① **リスク計画**

　リスク計画は、想定されるリスクを洗い出したうえで、それぞれのリスクに対する予防、軽減、回避の計画を明確にする。

第3章●ソフトウェア品質を審査する

表 3.11　計画審査基準　3. リスク管理計画の妥当性

カテゴリ		審査観点	審査指標	合格基準値
3.　リスク管理計画の妥当性				
①	リスク管理計画	・適切なリスク計画を立案したか ※リスク計画には、想定されるリストを洗い出したうえで、それぞれに対する予防・軽減・回避の計画を明確にする。	・リスク計画の立案率 ※リスク計画の立案率＝(リスク計画を立案済のリスク数 / 洗い出された全リスク数) × 100	100%

(3)　計画時点で明確にしておくべきその他の項目

　計画審査基準には含まれないものの、計画時点で明確にしておくべき3つの項目を紹介する。

① **工程審査基準と出荷審査基準の決定**

- 工程審査基準、出荷審査基準は、計画時点で決定する。
- 計画時にすべての出荷審査基準値を決定できない場合は、遅くとも機能設計(FD)工程終了までに決定する。

　※たとえば、非機能要件のうち性能目標値は、ある程度の設計の検討を進めた後でなければ決定がむずかしい場合がある。

② **開発進捗会議の開催サイクルの決定**

- 毎週、定期開催とする。
- 進捗だけでなく品質や周知事項のようにプロジェクト運営にかかわるすべての議論を行う。
- 参加者は、プロジェクト管理者やプロジェクト関係者は必須とし、可能なら、PMO や SQA のように第三者の立場で客観的に品質を監視する役割の人が参加する。

③ **定量データの収集ルールの設定**

- 開発進捗会議の1日前までに、開発データを収集する。
- データ収集後の1日以内にデータ分析を済ませ、開発進捗会議では、分析結果にもとづく問題点、課題の共有、対策の議論を中心に行う。

- データ収集方法やルールは開発チーム全員に周知する。

3.4 ▶ 基本設計／機能設計／詳細設計の工程審査

　計画審査に合格すると、ソフトウェア開発が開始する。最初の工程審査は、設計工程審査である。基本設計(BD)、機能設計(FD)、詳細設計(DD)は、コーディングを除く上工程の設計部分である。このBD/FD/DD工程における開発作業がプロジェクトの品質を決めるといっても過言ではない(2.3節)。本節では、BD/FD/DD工程の工程審査を説明する。

(1) BD/FD/DD工程の工程審査活動の概要

　FD工程を例にして、工程審査活動の進め方を説明する(図3.5)。工程審査活動は、工程終了時だけに実施するものではなく、審査基準に対する達成状況を確認できるよう進捗に合わせて進める。工程審査は、プロセス品質とプロダクト品質の両面から実施する(3.2節(3))。プロセス品質は、FD工程を通じて

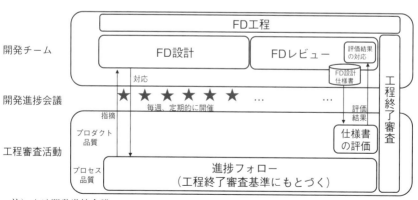

注）★は開発進捗会議

図 3.5　FD工程の工程審査活動

得られるデータを分析することによって確認する。一方、プロダクト品質は、FD工程の成果物である機能設計仕様書(以降、FD仕様書と呼ぶ)を評価することによって確認する。工程審査のコツは、常に工程審査基準を見据えて、基準の達成状況を確認していくことにある。

FD工程は、FD設計とFDレビューという2つのサブ工程から構成され(**1.4節(2)**)、それに沿って開発が進行する。FD工程遂行中、毎週定期的に、開発進捗会議を開催する。会議では、通常の開発マネジメントと同様に、毎回進捗を確認し、発生する問題の解決を図る。特に意識するべきは、工程審査基準を意識したマネジメントである。開発進捗会議の前日に提出されるデータに対して、工程審査基準のうち「1.プロセス品質」の基準を見据えながら課題がないかを分析し、分析結果を開発進捗会議で報告し、基準を達成できるようマネジメントする。たとえば、レビューの実施状況やバグの摘出状況が遅れている問題を検出した場合は、開発進捗会議にて指摘し早期に問題解決を図る。また、定量データ分析(**第4章**)を実施し、品質判定表や作り込み工程別バグ分析により、品質問題を早期に検出し解決する。

工程審査基準のうち「2.プロダクト品質」の基準達成状況確認のために、FD仕様書のレビューが完了した段階で、FD仕様書の評価をする(仕様書の評価は第6章にて解説)。客観的な評価をするために、FD仕様書の評価実施者は開発チーム以外の第三者を割り当てる。仕様書の評価結果を開発チームへ伝え、修正すべき箇所がある場合は必要な対応をする。

FD工程終了時には、「1.プロセス品質」と「2.プロダクト品質」の審査基準に対する達成状況を整理し、開発チームによる品質見解を含め、工程終了報告書にまとめ、FD工程審査で合否を判定する。

(2) BD/FD/DD工程の工程審査のポイント

BD/FD/DD工程の工程審査基準は、「1.プロセス品質」と「2.プロダクト品質」の2カテゴリにより構成される。以下にカテゴリ順に工程審査のポイントを説明する。

3.4 ● 基本設計／機能設計／詳細設計の工程審査

＜ BD/FD/DD 工程終了審査基準＞ 1. プロセス品質のポイント

　プロセス品質の審査基準のポイントについて、以下で解説していく（**表 3.12**）。

① 作業全般

　作業項目の確認において、もし前工程の残課題があった場合には、課題を引き継いでいるかを確認する。特に性能目標や仕様未検討の課題は、解決が困難なものほど後回しにされやすいため、いつまでに解決するかを明確にするよう

表 3.12　BD/FD/DD 工程終了審査基準　1. プロセス品質

カテゴリ		審査観点	審査指標	合格基準値
1.　プロセス品質				
①	作業全般	・計画した作業項目は完了したか	・作業項目完了率 ※作業項目完了率＝（完了した作業項目数／当該工程で実施すべき全作業項目数）× 100	100%
		・未対応のアクションアイテムはないか	・未完了のアクションアイテム数	0 件
②	要件定義	・当該工程で完了すべき要件定義は完了したか	・要件定義完了率 ※要件定義完了率＝（完了した要件定義数／当該工程で完了すべき要件定義数）× 100	100%
③	セキュリティ	・当該工程で実施すべきセキュア開発項目は完了したか	・セキュア開発項目実施率 ※セキュア開発項目実施率＝（実施したセキュア開発項目数／当該工程で実施すべき全セキュア開発項目数）× 100	100%
④	レビュー	・レビューすべき対象物に対して、レビュー計画に従って、レビュー完了したか	・レビュー完了率 ※レビュー完了率＝（レビュー完了した対象数／当該工程でレビューすべき全レビュー対象数）× 100	100%
		・未完了のレビュー指摘項目はないか	・未完了のレビュー指摘項目	0 件
⑤	定量データ	・品質判定表に従い、十分なレビューを実施し、その結果摘出したバグ数は妥当か	・レビュー工数の計画値達成率・摘出バグ数の計画値達成率 ※計画値達成率＝（実績値／計画値）× 100	しきい値内
		・未完了の、定量データ分析による問題指摘はないか	・定量データ分析による問題指摘のうち、未完了の指摘数 ※問題指摘には、定量データ分析と仕様書評価結果との矛盾を含む。	0 件

第3章●ソフトウェア品質を審査する

に注意する。

② 要件定義

　要件定義は、プロジェクト開発開始までにすべてが明確に定義されているべきである。しかし、事前の調査や顧客との調整に時間を要するときは、部分的には要件が決まらない状態で開発に着手せざるを得ない場合もある。この場合は徐々にリスクが大きくなる可能性が高いので、当該工程での要件定義の検討状況を工程終了審査基準に入れている。FD終了時には、顧客との合意を含めてすべての要件定義が完了することが望ましい。

　また、開発途中に仕様が変更された場合には、案件ごとに項番管理して仕掛かり状況をフォローする。このときフォローすべき項目には、仕様変更の受理可否の判断、仕様変更に伴う関係者への通知、影響範囲の特定、設計仕様書やテスト仕様書の修正とレビュー、定量データ分析の目標値の見直しがある。

③ セキュリティ

　出荷後に開発システムのセキュリティ脆弱性の問題が発覚すると大問題になるため、各工程で行うべきセキュア開発の実施結果を審査基準に入れて実施できるようにする。計画時に立案した項目を実施していることを確認する。

④ レビュー

　レビューは、レビューに対する積み残し作業がないことを確認する。ここでは、計画したレビューをもれなく実施しているかの確認が中心である。レビューした結果の適切性に関しては、定量データ視点として次の⑤定量データ、レビュー内容として「2.　プロダクト品質②」で確認する。

⑤ 定量データ

　設計段階で品質を見極めるのに適するデータは、レビューに対するバグの摘出状況である。定量データによる審査は、数値により白黒がはっきりするので、属人性を排除した明確な判断ができるのが良い点である。一方、すべての状況を数値だけで判断するのはむずかしいため、数値と工程終了報告書に記載した開発チームの品質見解とを比較することが重要である。定量データと品質の見解を見比べることで、開発チームのリーダーの品質に対する思いが透けて見え

3.4 ● 基本設計／機能設計／詳細設計の工程審査

---

column

"言い訳"ではなく"品質の見解"を考えよう

　工程審査や出荷判定では、開発チームの品質の見解が数値の説明に終始して、言い訳に聞こえてしまう場合がある。そのような場合は、数値で表現しにくい定性的な分析を含めることをお勧めしたい。

　たとえば、「レビュー工数の実績値は目標値を下回っているが有識者によるレビューを実施したので問題ない」という見解を考えてみよう。有識者がレビューをすれば設計者や他のレビューアでは気が付かないような多くの問題を指摘できるはずである。そのため、指摘バグ数は予想より増加すると考えるほうが自然であり、レビュー工数が目標値を下回っていることとの因果関係の説明にはなっていない。この場合には、有識者がレビューした結果、どのような問題が摘出できたのかを具体的に示すことで、定量データでは見通せないような質の高いレビューができたことを品質の見解として考えるべきである。

るようになる。これが品質を見極めるうえでは重要な要素となる。

　以下に定量データの評価のポイントを示す。

- 品質判定表とは、レビュー工数に対する摘出バグ数により品質を判定する方法である（4.3 節）。合格規準値のしきい値には、品質判定表で設計した許容範囲に％を使用する。

- 品質判定表と作り込み工程別バグ分析（4.4 節）を工程途中に実施して、開発チームへ問題点を随時フィードバックする。

- 定量データの目標値と実績値の差が生じている場合には、差分に対する開発チームの見解との矛盾がないかを確認する。たとえば、「計画時の想定より開発の難易度が低くなったためバグ数が予定より少なくなった」という見解の場合には、工数を確認する。もし予定より実績工数が多くなっている場合には、見解が矛盾しているので、理由を確認する。

第3章●ソフトウェア品質を審査する

＜ BD/FD/DD 工程終了審査基準＞ 2. プロダクト品質のポイント

次に、プロダクト品質の審査基準のポイントについて、以下で解説していく。
（表 3.13）

① **仕様書の承認**

当該工程で作成すべきすべての仕様書が責任者により承認されていることを
確認する。これは、設計工程の成果物である仕様書の完了を確実にすることを
意味する。一方、実際の開発の現場では、責任者が多忙のため仕様書の承認が
後回しにされる場合がある。開発が先に進んでしまってから、責任者が遅れて
承認をするときに仕様の修正を指示することは、開発チームにとっては、大き
な後戻りとなる。責任者は承認を遅らせることが開発全体に悪い影響を与える
ことになることを十分に認識すべきである。

② **第三者による設計仕様書の評価**

第三者が当該工程の成果物である設計仕様書やレビュー記録票を評価するこ
とにより、プロダクト品質を確認する。仕様書の評価で摘出されたバグ件数が

表 3.13　BD/FD/DD 工程終了審査基準　2. プロダクト品質

カテゴリ		審査観点	審査指標	合格基準値
2. プロダクト品質				
①	仕様書の承認	• 当該工程で作成すべき仕様書は、責任者により承認されたか	• 仕様書承認率 ※仕様書承認率＝(承認済の仕様書数 / 当該工程で作成すべき全仕様書数)× 100	100%
②	第三者による設計仕様書評価 ※少なくともFD工程での実施を推奨	• 計画した設計仕様書に対して、設計仕様書の評価は完了したか	• 仕様書評価完了率 ※仕様書評価完了率＝(完了した仕様書評価数 / 計画した仕様書評価数)× 100	100%
		• 未完了の仕様書評価の指摘項目はないか	• 未完了の仕様書評価指摘項目	0 件
		• 重大バグに対して、バグのなぜなぜ分析と水平展開を完了したか ※重大バグは個々に定義する。	• 重大バグの水平展開完了率 ※重大バグの水平展開完了率＝(水平展開まで完了した重大バグ数 / 全重大バグ数)× 100	100%

1件でもあれば、品質問題が残っていると考えるべきである。なぜなら、開発チームのレビューが完了した仕様書に対する評価で、第三者がバグを指摘するということは、まだ他に潜在するバグが残っていると考えられるからだ。摘出したバグのうち、重大バグに対しては、バグ分析と水平展開(**第5章**)を実施し、同じ原因で残存するバグを摘出することが求められる。

　プロセス品質が、実施すべき作業を確実に遂行したかを網羅的に確認する方法であることに比べて、プロダクト品質は、直接成果物を確認するため、品質問題を具体的に指摘できる点が長所である。ただし、第三者による仕様書の評価は、リソース的に成果物すべてを評価することがむずかしく、一部の対象しか評価できないことがある。したがって、仕様書の評価対象の選択にあたっては、プロセス品質の確認で懸念される箇所に対して、品質問題の深掘りの位置付けで実施することをお勧めする。

　以下に設計仕様書の評価のポイントを示す(詳細は**第6章**)。

- 評価の対象はプロジェクトの計画時に選定しておく。加えて、現時点のプロセス品質状況を鑑みて品質に懸念のありそうな対象を再選定する。
- 品質問題の潜在する範囲が広いと懸念される場合は、評価対象範囲の拡大を検討し、品質問題の潜在する範囲を特定できるように工夫する。
- 懸念される品質問題の原因が、評価対象固有か、プロジェクト全体に及ぶかを識別することが非常に重要である。
- 第三者による設計仕様書の評価は、FD仕様書を対象にすることを推奨する。
- FD仕様書は外部仕様の機能設計のため第三者が評価しやすい。後工程の詳細設計(DD)は内部仕様の実装設計のため、第三者には評価しにくい。DD仕様書の評価は、必要に応じて実施を検討する。
- W字モデルの場合には、テスト仕様書の設計時期が上工程になるので、第三者によるテスト仕様書の評価も上工程で行う。
- 問題検出時には、計画時に合意した検出問題の対応手順に従って処理する。

第3章 ● ソフトウェア品質を審査する

(3) プロセス品質とプロダクト品質の審査結果が食い違う場合の対応

プロセス品質とプロダクト品質の審査結果が同じ場合の判定は容易だが、両者が食い違う場合は、食い違う理由を明らかにしなければ判定できない。プロセス品質とプロダクト品質の評価対象範囲が一致していることを確認したうえで、必要な対応をする。表3.14に、主な対応方法を示す。

(4) 開発計画の見直し

審査結果によって、開発計画の見直しが必要な場合がある。また、審査に関わらず、開発計画の見直しが必要な事態が発生することもある。進捗の遅れや開発ツール適用に手間取るといったプロジェクトの内部事情によるものや、要件の追加や変更などの外部事情によるものである。以下に開発計画の見直しのポイントを示す。開発計画の見直しによって、リスクが大きくなる場合は、プロジェクト責任者の了解を得るべきである。また、見直し後の開発計画を、開

表3.14 プロセス品質とプロダクト品質の審査結果が食い違う場合の対応

	プロセス品質		プロダクト品質		対応方法
	審査結果	達成状況の例	審査結果	達成状況の例	
事例1	○	未達成項目なし	×	②重大バグの水平展開完了率：20% 補足：第三者による仕様書評価での重大バグ件数が多く、水平展開に時間がかかっている。	プロダクト品質の審査結果が品質の実態を反映していると考え、以下を順に実施する。 1.定量データが問題のない理由を分析する。 2.第三者による仕様書評価で検出した問題がレビューで指摘できなかった原因を分析する。 3.第三者による仕様書評価で検出したバグの作り込み工程のレビュー工数や摘出バグ数が納得できるものか、弱点はないかを分析し、必要な品質対策を実施する。
事例2	×	⑤レビュー工数の計画値達成率：50% 補足：他の目標値では問題なし	○	未達成項目なし 補足：第三者の仕様書評価でバグ件数なし	両者の評価結果が食い違う理由を、以下の順で分析する。 1.第三者による仕様書評価の評価粒度や評価レベルに問題がないかを確認する。 2.定量データ分析の問題に対する開発チーム見解を確認する。

発チーム内に周知する重要性はいうまでもない。

① **開発規模は適切なタイミングで見直す**

- 仕様はFD工程終了時までに確定し、外部仕様が確定するFD工程終了時には、開発規模の見積り値を見直す(**2.4節**でその重要性を解説)。
- 仕様の追加や変更時は、開発規模にも影響するため、開発規模の見積り値を見直す。

② **開発スケジュールの変更時の注意点**

- スケジュール見直し時には、工数と日程が実現可能であることを確認する。
- 見直したスケジュールが、他のスケジュールへ影響する場合は、関係者と合意していることを確認する。

③ **品質問題**

- バグの実績値が目標値との乖離が大きい場合には、原因を分析するとともに、目標値を見直す必要がある。
- バグ目標値の見直し時には、定量データ分析(**第4章**)により適切に見直す。

3.5 ▶ コーディング工程の工程審査

CD工程の工程審査基準は、BD/FD/DD審査基準の「2.プロダクト品質」の対象が、ソースコードに置き替わると考えればよい。本節では、ソースコードの審査を中心に解説する。

(1) CD工程の工程審査のポイント

CD工程の工程審査基準のうち、「1.プロセス品質」カテゴリは、BD/FD/DDの工程審査基準と同じである。以下に「2.プロダクト品質」カテゴリを解説する(**表3.15**)。

第3章 ● ソフトウェア品質を審査する

表3.15　CD工程終了審査基準　2.プロダクト品質

カテゴリ		審査観点	審査指標	合格基準値
2. プロダクト品質				
①	ソースコード評価	• 開発したソースコードに対して、計画したツールを適用したか ※ツールには、バグ摘出ツール、セキュリティ脆弱性チェック、OSS不正使用チェックを含む。	• ツール適用率 ※ツール適用率=(適用済ツール数/計画した適用すべきツール数)×100	100%
		• 未完了の、ツールによる指摘項目はないか	• 未完了のツール指摘項目	0件
②	ソースコード指標	• ソースコード指標の基準値を達成したか ※ソースコード指標として、ソースコード行数、ネスト数を使用する。	• ソースコード指標基準値違反数	0件

＜CD工程終了審査基準＞2.プロダクト品質のポイント

① ソースコード評価

　CD工程でソースコード検証ツールを実行し、ソースコードの評価の結果を確認する。ソースコード検証ツールには、コード静的解析のバグ摘出ツール、セキュリティ脆弱性チェック、OSS不正使用チェックがある。少なくともこの3種類のツール適用をお勧めする。バグ摘出ツールを実行するとソースコードの問題箇所が指摘されるので、問題の指摘内容に合わせて対処する。ソースコード修正完了時には、再度ツールを実行して、問題が解決していることを確認する。

　ソースコード評価の運用上の注意点を以下に挙げる。

- セキュリティ脆弱性とOSS不正使用に関する指摘は、重大な問題のため必ず修正する。もし出荷直前に摘出した場合は、再テストが必要になる。

- ソースコード静的解析による指摘では、内容によっては必ずしも問題が表面化しない場合もある。ソースコードの保守性を考慮したうえで、指摘内容の重要度のレベル分けをして対応する。たとえば、最重要レベル

76

は修正必須とする運用が考えられる。

② ソースコード指標

ソースコード指標では、ソースコード行数とネスト数に注目する(2.6節)。ソースコード指標の運用上の注意点を以下に挙げる。

- ソースコード指標の評価範囲は、新規および改修した箇所とする。既存で更新していない箇所は対象としない。その理由は、デグレードのリスクが高いためである。
- 基準に違反するソースコードはすべて修正する。設計構造上の理由から修正が困難という場合でも、長期的なコードの保守性維持を考慮して判断する。
- 修正後には必ず再評価し、是正されていることを確認する。
- ツールは夜間バッチなどで毎日実行し、基準達成のフォローを最低週1回行う。

(2) 上工程終了時視点での確認

CD工程が終了した時点で上工程全体を振り返って品質上の課題がないかを確認する。上工程全体を通したバグ傾向分析(4.5節)をすることで、各工程の審査では見過ごしていた品質の弱点が見えてくる場合がある。たとえば、各工程で共通して発生しているバグの特徴が見えたり、定量データを相対的に比較したときに、特定の機能や特定の工程に偏りが見えたりする場合がある。このようなときには弱点についてのレビューや、重点的にテスト項目を設計する対策を考える。

3.6 ▶ 単体テスト／結合テスト工程の工程審査

単体テスト(UT)／結合テスト(IT)工程は、テスト工程の始めの2工程である。テスト工程では、上工程で取り切れずに流出したバグの摘出と修正を繰り返して品質を磨き上げていく。本節では、UT/IT工程の工程審査を説明する。

(1) UT/IT工程の工程審査活動の概要

IT工程を例にして、テスト工程での審査活動の進め方を説明する(**図3.6**)。上工程と同様、テスト工程の審査活動は、工程終了時だけに実施するものではなく、審査基準に対する達成状況を確認できるよう進捗に合わせて進める。上工程とテスト工程の工程審査の違いは、プロダクト品質の対象が、IT工程の成果物であるITテスト仕様書(以降、IT仕様書と呼ぶ)およびITテスト結果の評価に置き変わる点にある。プロダクト品質の審査に注目して、以下に説明する。

「2.プロダクト品質」の基準達成状況確認のために、IT仕様書が完了した段階で、IT仕様書の評価をする(テスト仕様書の評価方法は**第6章**)。上工程と同様に客観的な評価をするために、IT仕様書の評価実施者は開発チーム以外の第三者を割り当てる。IT仕様書の評価結果を開発チームへ伝え、修正すべき箇所がある場合は必要な対応をする。さらに、ITテスト終了時には、ITテスト結果を確認し、テスト結果に問題があれば必要な対応をする。

IT工程終了時に、「1.プロセス品質」と「2.プロダクト品質」の審査基準に対する達成状況を整理し、開発チームによる品質見解を含め、工程終了報告書にまとめ、IT工程審査で合否を判定する。

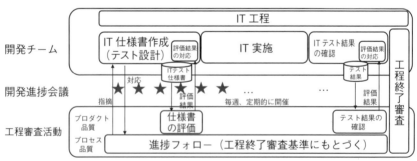

注) ★は開発進捗会議

図3.6　IT工程の工程審査活動

(2)　UT/IT 工程の工程審査のポイント

　UT/IT 工程の工程審査基準は、「1. プロセス品質」（表 3.16）と「2. プロダクト品質」（表 3.17）の 2 カテゴリにより構成される。以下にカテゴリ順に工程審査のポイントを説明する。

＜ UT/IT 工程終了審査基準＞ 1. プロセス品質のポイント

　本カテゴリは、上工程の工程審査基準の「1. プロセス品質」のうち、「②要件定義」がないだけで、他は上工程と同じである。BD/FD/DD 工程を解説した 3.4 節（2）を参照してほしい。なお、「③レビュー」は、テスト仕様書が対象となり、設計したテスト項目のレビューと、テスト実施結果のレビューが該当する。

表 3.16　UT/IT 工程終了審査基準　1. プロセス品質

カテゴリ		審査観点	審査指標	合格基準値
1.　プロセス品質				
①	作業全般	・計画した作業項目は完了したか	・作業項目完了率 ※作業項目完了率＝（完了した作業項目数 / 当該工程で実施すべき全作業項目数）× 100	100%
		・未対応のアクションアイテムはないか	・未完了のアクションアイテム数	0 件
②	セキュリティ	・当該工程で実施すべきセキュア開発項目は完了したか	・セキュア開発項目実施率 ※セキュア開発項目実施率＝（実施したセキュア開発項目数 / 当該工程で実施すべき全セキュア開発項目数）× 100	100%
③	レビュー	・レビューすべき対象物に対して、レビュー計画に従って、レビュー完了したか	・レビュー完了率 ※レビュー完了率＝（レビュー完了した対象数 / 当該工程でレビューすべき全レビュー対象数）× 100	0 件
		・未完了のレビュー指摘項目はないか	・未完了のレビュー指摘項目	100%
④	定量データ	・品質判定表で問題がないこと	・テスト項目数の計画値達成率・摘出バグ数の計画値達成率 ※計画値達成率＝（実績値 / 計画値）× 100	しきい値内
			・定量データ分析による問題指摘のうち、未完了の指摘数 ※問題指摘には、定量データ分析と仕様書評価結果との矛盾を含む。	0 件

第3章●ソフトウェア品質を審査する

表3.17　UT/IT 工程終了審査基準　2. プロダクト品質

カテゴリ		審査観点	審査指標	合格基準値
2.　プロダクト品質				
①	仕様書の承認	•当該工程で作成すべきテスト仕様書およびテスト実施結果は、責任者により承認されたか	•テスト仕様書承認率 ※テスト仕様書承認率＝(承認済のテスト仕様書数 / 当該工程で作成すべき全テスト仕様書数)×100	100%
②	第三者によるテスト仕様書評価	•計画したテスト仕様書に対して、仕様書評価は完了したか	•仕様書評価完了率 ※仕様書評価完了率＝(完了した仕様書評価数 / 計画した仕様書評価数)×100	100%
		•未完了の仕様書評価指摘項目はないか	•仕様書評価指摘項目のうち未完了の指摘数	0 件
		•重大バグに対して、バグのなぜなぜ分析と水平展開を完了したか ※重大バグは個々に定義する。 ※テスト仕様書評価のバグとは、テスト仕様書の修正が必要な指摘をいう。	•重大バグの水平展開完了率 ※重大バグの水平展開完了率＝(水平展開まで完了した重大バグ数 / 全重大バグ数)×100	100%

＜ UT/IT 工程終了審査基準＞ 2. プロダクト品質のポイント

①　仕様書の承認

　当該工程で作成すべきすべてのテスト仕様書およびテスト実施結果について、責任者により承認されていることを確認する。これにより、テストを実施しながら思いつきでテスト項目を考えるといった計画性のないテストの実行を防ぐ。そして、テスト実施前にテスト項目を設計し開発チーム内でレビューしていること、およびテスト実施結果に問題がないことを責任者の承認により確実にする。また、未実施のテスト項目がないこと、およびテストの NG 項目について再テストによりプログラム修正が正しいことの確認も重要である。

②　第三者によるテスト仕様書評価

　第三者によるテスト仕様書評価の対象は、テスト仕様書およびテスト結果である。以下に第三者によるテスト仕様書評価のポイントを示す。

　　•テスト仕様書の評価は、IT 仕様書を対象にすることを推奨する。

　　　※ UT 工程のテスト仕様書の評価は、UT テストカバレッジの確認でも、

ある程度代替可能である。その場合は、UTテストカバレッジを審査基準に設定しておく。
- W字モデルの場合には、テスト仕様書の作成時期が上工程になるので、第三者によるテスト仕様書評価も上工程で行う。
- テスト結果の評価では、以下を確認する。
  ▶ 予定されたテストがすべて実施されていること
  ▶ テストの結果が想定と異なった場合は、プログラム修正後に再度テストして正しい結果が得られていること

3.7 ▶ 総合テスト工程の工程審査

(1) ST工程の工程審査活動の概要

　総合テスト(ST)工程の工程審査活動は、UT/IT工程の工程審査活動に加えて、最終成果物であるソフトウェアの評価を行う(図3.7)。ST工程終了後には出荷判定が控えており、ST工程の開発現場はラストスパートに拍車がかかっている状態となるため、冷静に出荷品質を見極める姿勢が求められる。

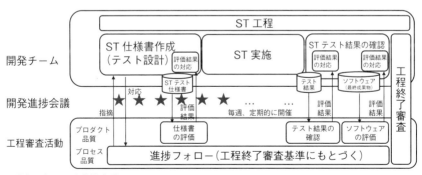

図3.7　ST工程の工程審査活動

ST 工程においても、審査活動は工程終了時だけに実施するものではなく、審査基準に対する達成状況を確認できるよう進捗に合わせて活動する。UT/IT 工程の工程審査活動に加えて実施する、第三者によるソフトウェアの評価に注目して、以下に説明する。

第三者によるソフトウェアの評価は、開発チームによる ST 工程が終了した最終版ソフトウェアに対して実施する（ソフトウェアの評価は**第7章**）。ソフトウェアの評価実施者は、客観的な評価をするために開発チーム以外の第三者を割り当てる。評価結果は開発チームへ伝え、修正すべき箇所がある場合は必要な対応をする。ソフトウェアの評価は、顧客視点の評価である。ここでバグが摘出される場合は、顧客でも同じ視点でバグが摘出される危険性を示唆するものであるため、重大問題として対処する。摘出されたバグは、開発チームによるテストの弱点を示しているので、バグ分析と水平展開（**第5章**）を実施し、同種バグを摘出する。

ST 工程終了時には、「1. プロセス品質」と「2. プロダクト品質」の審査基準に対する達成状況を整理し、開発チームによる品質見解を含め、工程終了報告書にまとめ、ST 工程終了審査で合否を判定する。その後、出荷判定へと進む。

(2) ST 工程の工程審査のコツ

ST 工程の工程審査基準のうち、「1. プロセス品質」カテゴリは、UT/IT 工程の工程審査基準と同じである。以下に「2. プロダクト品質」カテゴリ（**表3.18**）のうち、ST 工程のみで実施する第三者によるソフトウェア評価について、解説する。

＜ST 工程終了審査基準＞ 2. プロダクト品質のポイント

① 仕様書の承認

ST 工程のテスト仕様書およびテスト実施結果が責任者により承認されていることを確認する。特に ST 工程は、性能評価や高負荷評価のように非機能要件のテスト設計が含まれる。これらの設計内容や実施結果について責任者によ

3.7 ●総合テスト工程の工程審査

表 3.18　ST 工程終了審査基準　2. プロダクト品質

カテゴリ		審査観点	審査指標	合格基準値
2.　プロダクト品質				
①	仕様書の承認	• 当該工程で作成すべきテスト仕様書およびテスト実施結果は、責任者により承認されたか	• テスト仕様書承認率 ※テスト仕様書承認率＝(承認済のテスト仕様書数 / 当該工程で作成すべき全テスト仕様書数)× 100	100%
②	第三者によるテスト仕様書の評価	• 計画したテスト仕様書に対して、仕様書評価は完了したか	• 仕様書評価完了率 ※仕様書評価完了率＝(完了した仕様書評価数 / 計画した仕様書評価数)× 100	100%
		• 未完了の仕様書評価指摘項目はないか	• 仕様書評価指摘項目のうち未完了の指摘数	0 件
		• 重大バグに対して、バグのなぜなぜ分析と水平展開を完了したか ※重大バグは個々に定義する。 ※テスト仕様書の評価のバグとは、テスト仕様書の修正が必要な指摘をいう。	• 重大バグの水平展開完了率 ※重大バグの水平展開完了率＝(水平展開まで完了した重大バグ数 / 全重大バグ数)× 100	100%
③	第三者によるソフトウェアの評価	• 計画した最終成果物(ソフトウェア、マニュアルなどのドキュメント)に対して、ソフトウェアの評価は完了したか	• ソフトウェアの評価完了率 ※ソフトウェアの評価完了率＝(完了したソフトウェアの評価数 / 計画したソフトウェアの評価数)× 100	100%
		• 未完了のソフトウェアの評価の指摘項目はないか	• ソフトウェアの評価の指摘項目のうち、未完了の指摘数	0 件
		• 重大バグに対して、バグのなぜなぜ分析と水平展開を完了したか ※重大バグは個々に定義する。	• 重大バグの水平展開完了率 ※重大バグの水平展開完了率＝(水平展開まで完了した重大バグ数 / 全重大バグ数)× 100	100%

り承認されていることを確認する。

②　第三者によるテスト仕様書の評価

　UT/IT 工程の審査基準の当該項目と同じである。

③　第三者によるソフトウェアの評価

　第三者によるソフトウェアの評価は、開発の最終成果物となる出荷物件、すなわち、開発されたソフトウェアと利用者マニュアルを評価の対象とする。第三者によるソフトウェアの評価は、最初の利用者の立場で評価するという位置付けである。開発の終盤となる ST 工程の時期は、ともすれば開発者が顧客視

第 3 章 ● ソフトウェア品質を審査する

点を忘れて開発側の理屈や納期最優先で判断しがちになるという脆さをもつ。そこで、第三者によるソフトウェアの評価では、常に客観的かつ顧客視点で判断することが重要である。

以下に第三者によるソフトウェアの評価のポイントを示す。

- 評価の対象はプロジェクト計画時に選定しているが、ST 工程までの開発経緯で把握している品質上の弱点を考慮し、最終的に評価対象を選定する。たとえば、これまで把握している品質の弱点対策を十分に実施していない場合は、当該機能を評価対象に選定して評価し、品質の弱点の大きさを把握できるようにする。
- 評価途中に、品質問題の潜在する範囲が広いと懸念される場合は、評価対象範囲の拡大を検討し、品質問題の範囲を特定できるように工夫する。
    - ▶懸念される品質問題の原因が、評価対象固有か、プロジェクト全体に及ぶかを識別することが非常に重要である。
- 問題検出時には、計画時に合意した検出問題の対応手順に従って処理する。出荷判定を間近に控えているため、コミュニケーションや各処置を遅滞なく素早く行う。
- 評価で検出した問題がバグと判明した場合は、バグ分析と水平展開を実施する。第三者によるソフトウェアの評価でバグが摘出されたということは、これまでのレビューやテストの検証活動にて検出できずにすり抜けてきたということである。この事実を真摯に受け止めて、品質の弱点を分析することが重要である(バグ分析は**第 5 章**)。

3.8 ▶ 出荷判定

(1) 出荷判定の概要

出荷判定とは、当該プロジェクトのプロセスおよび成果物が、出荷審査基準を達成していることを確認し、出荷の合否を判定することである。出荷判定は

出荷の合否を判定する重要な作業であるため、運営ルールや出荷審査基準は、開発チームおよび出荷判定者に対してあらかじめ周知する。出荷審査基準に対する達成状況を整理し、開発チームによる品質見解を含め、出荷判定資料にまとめる。

(2) 出荷判定の進め方

出荷判定は、いきなり出荷判定会議を開催するのでなく、出荷判定事前会議を開催し、審査基準の達成状況および達成までの残課題について確認することを推奨する(図 3.8)。出荷判定事前会議では、出荷判定会議と同等の審議を行い、残課題をすべて洗い出す。出荷判定事前会議から出荷判定会議までに残課題を解決し、出荷判定では、残課題の解決状況を中心に議論できるようにしておく。そうすれば、合否判定者は出荷判定会議のみに参加しても課題を効率よく把握できる。出荷判定事前会議から出荷判定までは、残課題が十分解決できるように、たとえば1週間以上など、ある程度の期間を設けるべきである。

(3) 合否判定ルール

出荷判定における合否判定ルールを、表 3.19 に示す。

不合格の場合でも、ビジネス要件により顧客への出荷が必要な場合がある。そのような場合は、特別出荷を検討する。特別出荷について以下に説明する。

＜特別出荷＞

特別出荷は、不合格時の限定的な出荷措置であり、合否判定者の承認が必須

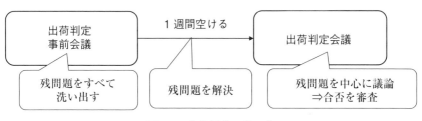

図 3.8　出荷判定の進め方

第3章●ソフトウェア品質を審査する

表 3.19　出荷判定での合否判定ルール(表 3.3 を再掲)

判定	条件	合格のために必要な作業
合格	審査基準をすべて達成している。	なし
条件付き合格	審査基準をすべて達成しているが、懸念事項がある。	懸念事項の解決が合格条件となる。懸念事項を解決し、合否判定者が条件解除と判断すれば、合格
不合格	審査基準に未達成項目がある。	未達成項目の対応後、再出荷判定を開催し、合格判定を得る。

である。特別出荷にあたっては、以下を条件とする。

- 特別出荷であること、およびその理由を顧客に説明し承認を得る。
- 特別出荷の範囲(機能、利用方法)を明確にする。
- 特別出荷の使用期限を決め、使用期限までに再出荷判定を開催して合格判定を得る。

(4)　出荷判定のポイント

　出荷審査基準は、「1. 要件に対する充足」、「2. 開発作業の十分性」、「3. 第三者によるソフトウェア評価の完了」、「4. 規則・標準への準拠」、および「5. 納品物の十分性」の5カテゴリから構成される。以下にカテゴリ順に出荷判定のポイントを解説する。

＜出荷審査基準＞ 1. 要件に対する充足のポイント

　表 3.20 に「1. 要件に対する充足」の出荷審査基準を示す。

①　機能要件

　計画した機能要件を漏れなく達成したことを確認する。要件は開発作業の中でトレースされるので、達成していることが当たり前である。その当たり前のことを、開発チームはプロジェクト責任者に対して、出荷判定という場で、与えられた予算を使って目的を達したと報告する責任がある。その報告すべき内容の第一義が機能要件に対する充足である。

3.8 ● 出荷判定

表 3.20　出荷審査基準　1. 要件に対する充足

カテゴリ		審査観点	審査指標	合格基準値
1.	要件に対する充足	計画した要件を達成していることを確認する。		
①	機能要件	計画した機能要件を達成したか	・機能要件達成率	100%
②	非機能要件	計画した非機能要件を達成したか ※主な非機能要件には、性能、セキュリティ、使用性、高負荷環境下での運用がある。	・非機能要件達成率 ※要件達成率＝(達成した要件数 / 計画した要件数)× 100	100%

②　非機能要件

　計画した非機能要件を漏れなく達成したことを確認する。前項の機能要件は明示的であるが、非機能要件はともすれば具体的な項目が明示的になっていない場合がある。したがって、計画や設計の段階で、性能、セキュリティ、使用性、高負荷条件を非機能要件として明確にしたうえで、総合テストで具体的なテスト項目を設計し要件を達成したかどうかを確認する。

＜出荷審査基準＞ 2. 開発作業の十分性のポイント

　表 3.21 に「2. 開発作業の十分性」の出荷審査基準を示す。

①　開発テスト

　すべてのテスト工程において、計画したテストが完了したことを確認する。当然、各テスト工程の審査において確認しているので、この時点で問題になることは考えにくいが、ここではテストを総括して出荷判定者へ報告することが重要な意味をもつ。この場合、未実施のテスト項目が残っていないこと、およびテスト結果が NG だった場合の処置(主にプログラム修正となる)が終わり、再度テスト項目を実施して期待どおりの結果を確認することである。

②　ツール検証

　ツールによる指摘箇所の対応がすべて終了したことを確認する。ツール検証は計画したとおりにツールを実行し、実施結果をもとに修正の必要な処置がすべて終わっていることが重要である。したがって、ツールの実行は最終的に指

第3章 ● ソフトウェア品質を審査する

表 3.21　出荷審査基準　2. 開発作業の十分性

カテゴリ		審査観点	審査指標	合格基準値
2. 開発作業の十分性		プロジェクトライフサイクルにわたって、適切な管理が実施されているという前提のもと、出荷段階で確認すべき開発作業の十分性を確認する。		
①	開発テスト	計画したテストを完了したか。	• テスト項目消化率 ※テスト項目消化率＝(消化テスト項目数 / 計画テスト項目数)× 100	100%
②	ツール検証	ツールによる指摘箇所の対応を完了したか。 ※ツールには、ソースコード検証ツール、セキュリティ脆弱性検証ツール、OSS 不正使用検証ツールがある。	• ツールによる指摘箇所の対応完了率 ※ツールによる指摘箇所の対応完了率＝(対応した指摘箇所 / 全指摘箇所)× 100	100%
③	バグ摘出状況	バグ目標を達成したか	• バグ目標達成率 ※バグ目標達成率＝(実績バグ摘出数 / 予定バグ摘出数)× 100	しきい値内
④	未解決バグ	未解決バグはないか ※未解決バグは、主に制限事項により対処する。	• 未解決バグ数 ※制限事項は以下を確認する。 • 影響範囲が明確である。 • 修正時期が明確である。 • 回避策の提示により、顧客への影響を極小化している。	0 件
⑤	バグ収束	バグ曲線は収束しているか ※バグ曲線とは、テスト進捗に対する累積摘出バグの推移である。	• バグ収束率 ※バグ収束率＝(テスト進捗 80 〜 100% のバグ曲線の傾き)/(0 〜 100% の傾き)	しきい値内
⑥	重大バグのバグ分析と水平展開	開発終盤に摘出した重大バグに対して、バグのなぜなぜ分析と水平展開を完了したか ※対象バグは以下とし、重大バグの定義は個々の条件に応じて設定する。 • システムテストの摘出バグ • 第三者によるソフトウェア評価の摘出バグ	• 重大バグの水平展開完了率 ※重大バグの水平展開完了率＝(水平展開まで完了した重大バグ数 / 全重大バグ数)× 100	100%

摘箇所が解消されていることを、ソフトウェアの最終版に対して再実行して確認する。

③　バグ摘出状況

　バグの摘出数が目標を達成しているかを確認する。この項目も各工程審査

にて必ず確認しているので、この時点で問題になることは考えにくい。ただし、開発の終盤で総合テストや第三者によるソフトウェアの評価でバグが検出された場合は、想定外のバグ摘出となり目標の見直しや品質の見直し作業が入り、開発終盤の作業が慌ただしくなりがちである。このとき、冷静にデータ分析して品質を見極める姿勢が求められる。この場合の分析には、バグ傾向分析（4.5節）が適している。

④　**未解決バグ**

未解決バグが0件であることを確認する。摘出されたバグは修正すべきであるが、制限事項にする場合もある。制限事項とは、ある条件の下では機能の一部が利用できないことであり、何ができないかを具体的に明示する必要がある。修正が間に合わずに、安易に制限事項にしてしまうことは避けたい。これを防ぐためには、制限事項とする条件を明確にする。たとえば、影響範囲が明確であること、修正時期が明確であること、および回避策により顧客への影響を最小化にしていることである。

⑤　**バグ曲線の収束**

バグ曲線が収束していることを確認する。バグ曲線とは、テスト進捗に対する累積摘出バグの推移を示したグラフで表すものである。テスト工程全体の新規摘出バグ数と新規テスト項目数が対象であり、既存機能のバグやテスト項目は対象としない。合格基準値のしきい値は個々の組織で設定する（具体的な判定方法は4.6節）。

⑥　**重大バグのバグ分析と水平展開**

開発終盤に検出された重大バグは、出荷後の顧客摘出バグと同等と考え、根本原因のバグ分析と水平展開を完了していることを確認する（**第5章**）。重大バグの定義は、個別に設定する。以下にその定義例を示す。

- ST工程摘出バグ（後工程で摘出されるバグは重大と見なす）
- 第三者によるソフトウェア評価の摘出バグ（顧客視点の評価で摘出されるバグは、出荷後にも摘出される危険性が高いと考える）
- システム停止やファイル破壊のように影響が大きいバグ

第3章●ソフトウェア品質を審査する

＜出荷審査基準＞3. 第三者によるソフトウェアの評価の完了のポイント

表3.22に「3. 第三者によるソフトウェアの評価の完了」の出荷規準を示す。

① ソフトウェア

第三者によるソフトウェアの評価がすべて終了したことを確認する。評価が完了しているとは、計画したテストの未実施項目がないこと、およびテストでNGだった場合の処理が完了して再テストによりNGが解消されていることである。第三者によるソフトウェアの評価は、評価結果報告書としてまとめる（7.8節）ので、出荷後の最初の利用者と同じ立場からの見解として、出荷判定の場で参照する。

② ドキュメント

第三者によるドキュメントの評価が完了したことを確認する。評価が完了しているとは、計画したテストの未実施項目がないこと、およびテストでNGだった場合の処理が完了して再テストによりNGが解消されていることである。第三者によるソフトウェアの評価と同様に、第三者によるドキュメントの評価結果は、出荷判定の場で評価結果報告書を参照する。

表3.22 出荷審査基準 3. 第三者によるソフトウェアの評価の完了

カテゴリ		審査観点	審査指標	合格基準値
3. 第三者によるソフトウェアの評価の完了		第三者によるソフトウェアの評価が完了していることを確認する		
①	ソフトウェア	ソフトウェアに対する第三者評価は完了したか	・ソフトウェアの評価完了率	100%
②	ドキュメント	ドキュメントに対する第三者評価は完了したか ※対象ドキュメントは、主にソフトウェア稼働時に使用するマニュアルがある。	・ドキュメント評価完了率 ※評価完了率＝(完了評価項目数／全評価項目数)×100	100%

3.8 ● 出荷判定

＜出荷審査基準＞4. 規則・標準への準拠のポイント

表 3.23 に「4. 規則・基準への準拠」の審査基準を示す。

① セキュリティ

セキュア開発の規則を遵守していることを確認する。セキュア開発は計画審査や工程審査においても当該工程で計画したセキュア開発が実施されていることを確認しているので、この時点でセキュア開発の実施が問題になることは考えにくい。出荷基準では、最終的に開発物件がセキュリティの規則を満たしていることを確認することである。

② OSS ライセンス

計画審査において、OSS 活用計画を立案していることを審査している。出荷審査基準では、計画した OSS 活用計画が実行された結果、OSS のライセンスを遵守していることを最終的に確認する。

③ その他

セキュリティや OSS ライセンス以外に、当該プロジェクトの特性において必要な法令や規則を遵守していることを出荷判定時点で最終的に確認する。必要な法令や規則には、たとえば機能安全規格がある。

表 3.23　出荷審査基準　4. 規則・標準への準拠

カテゴリ		審査観点	審査指標	合格基準値
4. 規則・標準への準拠		開発計画時に決定した各種の規則や組織標準に準拠していることを確認する		
①	セキュリティ	セキュア開発の規則を遵守したか	・セキュア開発の規則遵守率	100%
②	OSS ライセンス	OSS ライセンスを遵守したか	・OSS ライセンスの遵守率	100%
③	その他	その他の必要な、法令や規則を遵守しているか ※その他の法令や規則には、安全性や業種特有の規則がある。	・その他の規則遵守率	100%

91

第3章 ● ソフトウェア品質を審査する

＜出荷審査基準＞ 5. 納品物の十分性のポイント

表3.24 に「5. 納品物の十分性」の出荷審査基準を示す。

① **納品物**

顧客への納品物が一式揃っていることを確認する。納品物とは、第三者評価を実施しているソフトウェアやドキュメント以外にも、顧客との契約書や注意事項などの資料も含まれる。すべての納品物について準備が完了していることを確認する。

(5) 出荷判定と今後の予防策を混同しない

出荷判定では、出荷対象の出荷可否を判定する。極論すれば、開発の経緯は問わず、出荷審査基準を達成しているかどうかを判定する。当然のことながら、開発経緯は重要で、きちんとした開発プロセスからしか良いソフトウェアは生まれないのは事実だ。しかし、出荷判定時点で、開発経緯に問題があるからという理由で、不合格にはできない。したがって、開発経緯はどうあれ、出荷審査基準の達成状況に集中して議論しなければならない。今後の予防策は、出荷後の振り返り会で議論すべきである。

(6) 開発チームによる事前の品質分析の重要性

出荷判定会議に臨む前に、開発チームは、出荷可能であることの確信を得るために、自ら品質分析をするべきである。ここでは、バグ傾向分析をお勧めする(**4.5節**)。バグ傾向分析では、テストで摘出したバグを対象にして、バグ重

表3.24　出荷審査基準　5. 納品物の十分性

カテゴリ		審査観点	審査指標	合格基準値
5. 納品物の十分性		納品物(ソフトウェア、ドキュメントなど)が揃っていることを確認する		
①	納品物	納品物(ソフトウェア、ドキュメントなど)はすべて揃っているか	• 納品物充足率	100%

要度別、機能別、摘出工程別、作り込み工程別、作り込み原因別の分析により品質の弱点が残っていないかを分析する。品質の弱点が残っている場合は、追加テスト・追加レビューの施策を検討する。これらの結果は、開発チームの品質の見解としてまとめ、出荷判定会議で報告する。

　品質の弱点を分析する方法として、バグの発生条件の例を説明する。通常の運用中に容易に発生するような発生条件が単純な場合には、マネジメント的な課題が原因であることが多く、広範囲の品質対策が必要になる。

　一方、稀なタイミングや外部環境からの割り込みのように発生条件が技術的に複雑な場合には、レビューやテストに原因がある場合が多い。レビューやテストの記録から、当該発生条件の考慮漏れの有無を確認し、他にも同様の考慮漏れがあれば施策を追加する。追加した施策の十分性を判断するには、追加した施策により検出されたバグの発生条件を分析する。バグの発生条件が次第に複雑になっている場合には、バグが収束してきたという定性的な判断材料になる。そして特に変化がないか、逆に単純になっている場合は、同種のバグがまだ潜在していると判断すべきである。

---

column

開発途中の指標は出荷審査基準にしない

　品質会計では、上工程バグ摘出率という指標は重要である。しかし、上工程バグ摘出率は、出荷審査基準には含まない。その理由は、指標が効果を発揮する場面が異なるからである。上工程バグ摘出率は、上工程での早期バグ摘出を促進する指標なので、上工程での使用に適している。上工程バグ摘出率を出荷審査基準にすると、テスト工程でバグを摘出するほど上工程バグ摘出率が低下してしまうため、テストでのバグ摘出を抑制する方向に働き、逆効果である。上工程バグ摘出率は、上工程と開発完了後の振り返りの指標として用いる。

第3章 ● ソフトウェア品質を審査する

> **column**
>
> ## 品質を分析するコツ
>
> 　品質の弱点箇所を特定することは、品質の対策の効率化につながる。
> 出荷間際における品質を分析するコツを示す。
>
> - 開発途中に品質の対策を実施している場合は、それが有効に働い
>   ているかを確認する。その対策を実施していれば発生しないはず
>   のバグが依然摘出されている場合は、その対策が外れていたこと
>   を示している。
> - 重要な機能や規模が大きい機能のように、影響の大きい対象に注
>   目して分析する。品質の弱点は、顧客での利用方法を想定して分
>   析すべきである。
> - 摘出バグ数が多いのは、摘出努力を表しているのではなく、設計
>   品質の悪さを表している（2.3節）。特に、総合テストで摘出バグ数
>   が多い場合は、危険信号である。多くのバグを摘出したから出荷
>   品質を確保できたという考え方は誤りである。①どのようなテス
>   トやレビューによってそのバグを摘出したのか、②漏れているテス
>   トやレビューがないかという2つの観点で分析すべきである。

第3章の演習問題

問題3.1　開発計画審査に向けた準備

　あなたは、あるプロジェクトのプロジェクトリーダーである。開発計画審査
の準備として、プロジェクト開発計画書（表3.25）と計画審査基準（表3.26）を
作成し、各サブリーダーに示した。各サブリーダーは、計画審査の準備として、
プロジェクトリーダーの作成した資料をもとにして、以下の計画審査用の資料
を作成した。

第 3 章の演習問題

- 計画審査基準の達成状況（**表 3.27**）
- 品質会計票（**表 3.28**）
- レビュー工数見積りのレビュー工数密度と基準乖離率（**表 3.29**）
- 摘出バグ数見積りのバグ密度と基準乖離率（**表 3.30**）

　各サブリーダーが作成した資料の見積りが適切であるかについて、開発計画審査の審査基準に照らして確認せよ。ただし、本演習では、表 3.5「計画審査基準　1.見積りの妥当性」の「④定量データ」の指標のうち、「レビュー工数」と「バグ数」を対象とする。なお、本プロジェクト開発計画書（表 3.25）において、これらの指標の基準値を定義している。

　また、プロジェクトの開発工程は、BD、DD、CD、UT、ST の 5 工程とする。

問題 3.2　出荷判定事前会議

　あなたは、あるプロジェクトのプロジェクト責任者である。出荷判定事前会議に出席し、プロジェクトの品質状況を把握し、出荷判定会議までの残項目を整理しようと考えている。出荷判定事前会議では、プロジェクトリーダーから以下の資料をもとに報告を受けた。

　報告された資料をもとに、出荷判定事前会議時点での合否判定を行い、出荷判定会議までのアクションを指示せよ。

- 開発状況報告書（主旨抜粋）（**表 3.31**）
- 出荷審査基準の達成状況（**表 3.32**）
- 課題一覧表（**表 3.33**）
- 第三者ソフトウェア評価結果報告書（抜粋）（**表 3.34**）
- 品質会計票（プロジェクト全体）（**表 3.35**）
- 品質会計票（サブプロジェクト A）（**表 3.36**）
- 品質会計票（サブプロジェクト B）（**表 3.37**）
- 品質会計票（サブプロジェクト C）（**表 3.38**）
- 品質会計票（サブプロジェクト D）（**表 3.39**）

第 3 章 ● ソフトウェア品質を審査する

表 3.25　プロジェクト開発計画書（抜粋）

第 x 章．見積り方針	
④定量データ	本プロジェクトの定量データに関する指標とその基準値は、当組織の基準を採用し以下とする。 本基準値をベースに各データの目標値を設定すること。 目標値の設定はサブプロジェクト単位で設定すること。 計画審査の合格基準値は、基準乖離率の閾値を±8% 以内とする。 （下表参照）

指標	基準値（許容範囲：最小値－最大値）
レビュー工数密度 （レビュー工数 / 規模）	BD　　6.8 人時 /KL（6.3－7.3） DD　　7.1 人時 /KL（6.5－7.6） CD　10.2 人時 /KL（9.4－11） 合計　24.1 人時 /KL（22.2－26.0）
バグ密度 （摘出バグ数 / 規模）	BD　　2.6 件　/KL（2.4－2.8） DD　　5.3 件　/KL（4.9－5.7） CD　10.3 件　/KL（9.5－11.1） UT　　6.8 件　/KL（6.3－7.3） ST　　2.7 件　/KL（2.5－2.9） 合計　27.7 件　/KL（25.5－29.9）

表 3.26　計画審査基準（抜粋）

	カテゴリ	審査観点	審査指標	合格基準値
1.　見積りの妥当性				
④	定量データ	・組織等の基準をもとに、工程ごとの目標値を設定しているか。 ※工程ごとの目標値とは、工数（設計開発工数、レビュー工数）、バグ数、テスト項目数をいう。	・基準乖離率 ※基準乖離率＝ （目標値 / 基準値－1）× 100 ※全目標値に対して、基準乖離率を確認する。	しきい値内

96

第3章の演習問題

表 3.27　計画審査基準の達成状況（抜粋）

カテゴリ		審査指標	合格基準	基準乖離率　（算出根拠）		判定
1　見積りの妥当性						
④	定量データ	基準乖離率 %	（（目標値 / 基準値－1）×100）			
		レビュー工数密度（レビュー工数 / 規模）	±8% 以内	BD　－2.8%　（（6.6/6.8－1）×100）		○
				DD　－1.4%　（（7.0/7.1－1）×100）		○
				CD　　0.8%　（（10.3/10.2－1）×100）		○
				合計－0.9%　（（23.9/24.1－1）×100）		○
		バグ密度（摘出バグ数 / 規模）		BD　－6.0%　（（2.4/2.6－1）×100）		○
				DD　－4.3%　（（5.1/5.3－1）×100）		○
				CD　－6.0%　（（9.7/10.3－1）×100）		○
				UT　　6.8%　（（7.3/6.8－1）×100）		○
				ST　　5.8%　（（2.9/2.7－1）×100）		○
				合計－1.4%　（（27.3/27.7－1）×100）		○
※見積りの見解：レビュー工数密度、バグ密度ともにすべての工程において、プロジェクト合計値が基準乖離率を達成しており見積りは妥当である。						

第3章 ● ソフトウェア品質を審査する

表 3.28　品質会計票

プロジェクト名	XXX システム開発
報告日	2018/10/1
報告者	システム開発本部・井上

工程			計画	BD	DD	CD	上工程計	UT	ST	テスト工程計	全工程計
開発規模	新規＋改造(KL)	予定・	90								
	流用(KL)	実績									
	新＋改＋流(KL)	(CD以降)	90	0	0	0		0	0		
日程	開始日	予定		2018/10/1	2018/10/22	2018/11/12		2018/12/12	2019/1/16		
		実績									
	完了日	予定		2018/10/21	2018/11/11	2018/12/11		2019/1/15	2019/1/31		2019/2/10
		実績									
	工程完了遅延日数						0			0	0
工数	工数	予定		4280	4552	6376	15208	7656	3568	11224	26432
		実績					0			0	0
	進捗率										
	工数密度	予定		47.6	50.6	70.8	169.0	85.1	39.6	124.7	293.7
		実績									
レビュー	レビュー工数	予定		598	634	924	2156	321	300	621	
		実績					0			0	
	進捗率										
	レビュー密度	予定		6.6	7.0	10.3	24.0				
		実績									
テスト	新規項目数	予定						21000	2700	23700	
		実績								0	
	既存項目数	予定								0	
		実績								0	
	項目消化率										
	項目数密度	予定						233.3	30.0	263.3	
		実績									
設計書	ページ数	予定		747	1215		1962				
		実績					0				
	ページ密度	予定		8.3	13.5		21.8				
		実績									
バグ	摘出数	予定		220	460	869	1549	658	257	915	2464
		実績					0			0	0
	摘出率										
	摘出数分布	予定		8.9%	18.7%	35.3%	62.9%	26.7%	10.4%	37.1%	100.0%
		実績									
	バグ密度	予定		2.4	5.1	9.7	17.2	7.3	2.9	10.2	27.4
		実績									
	作り込み数	予定		245	738	1479	2462				
		実績					0				
	作り込み数分布	予定		10.0%	30.0%	60.0%	100.0%				
		実績					0.0%				

98

第3章の演習問題

表3.29　レビュー工数見積りのレビュー工数密度と基準乖離率

No	サブプロジェクト名	規模の見積り(KL)	レビュー工数の見積り							
			密度(工数/規模(人時/KL))				基準乖離率(密度/基準値−1)×100			
			BD	DD	CD	計	BD	DD	CD	計
1	A	25.0	6.6	7.4	10.6	24.6	−2.9%	4.2%	3.9%	2.1%
2	B	20.0	7.5	8.0	12.0	27.5	10.3%	12.7%	17.6%	14.1%
3	C	15.0	7.0	7.0	10.0	24.0	2.9%	−1.4%	−2.0%	−0.4%
4	D	30.0	5.8	6.0	9.0	20.8	−14.2%	−15.5%	−11.8%	−13.6%
	合計	90.0	6.6	7.0	10.3	23.9	−2.8%	−1.4%	0.8%	−0.9%

表3.30　摘出バグ数見積りのバグ密度と基準乖離率

No	サブプロジェクト名	規模の見積り(KL)	摘出バグ数の見積り												
			バグ密度(件/KL)						基準乖離率(密度/基準値−1)×100						上工程バグ摘出率
			BD	DD	CD	UT	ST	合計	BD	DD	CD	UT	ST	合計	
1	A	25.0	2.6	5.6	10.5	7.3	2.5	28.5	0.0	5.7	1.9	7.4	−7.4	2.9	65.6
2	B	20.0	2.5	5.1	9.8	7.2	2.6	27.2	−3.8	−3.8	−4.9	5.9	−3.7	−1.8	64.0
3	C	15.0	2.6	5.7	10.9	7.2	2.5	28.9	0.0	7.5	5.8	5.9	−7.4	4.3	66.4
4	D	30.0	2.2	4.3	8.3	7.3	3.5	25.6	−15.4	−18.9	−19.4	7.4	29.6	−7.6	57.8
合計		90.0	2.4	5.1	9.7	7.3	2.9	27.3	−6.0	−4.3	−6.0	6.8	5.8	−1.4	63.0

表3.31　開発状況報告書(主旨抜粋)

1. 総合品質見解	開発計画どおりに各工程審査を合格し、現時点においても、出荷審査基準をすべて達成しており、出荷品質を確保できていると判断する。
2. 出荷審査基準見解	表3.32のとおり、出荷審査基準項目をすべて達成している。なお、開発テストおよびバグ摘出状況は、110%と予定以上を実施しバグを摘出しているので問題ないと判断する。 　特記事項として、「2. 開発作業の十分性②重大バグのバグ分析と水平展開」では、重大バグの対象となる第三者ソフトウェア評価で検出されたバグ9件に対して水平展開施策を完了しており問題なし。
3. プロセス品質見解	定量データは各工程審査において逐次確認した。詳細はプロジェクト全体の品質会計票およびサブプロジェクト単位の品質会計総括表に示す。 　また、各工程審査における宿題およびプロジェクトの課題は、表3.33の課題一覧表に示すとおり、すべて解決している。
4. プロダクト品質見解	表3.32に記載したとおり、第三者ソフトウェア評価で検出されたバグ9件に対して水平展開施策を完了しており問題なし。

第 3 章 ● ソフトウェア品質を審査する

表 3.32　出荷審査基準の達成状況

審査項目		審査指標(基準値)	結果(実績 / 予定)	判定
1.　要件に対する充足				
	① 機能要件	機能要件達成率(100%)	100%(50/50)	○
	② 非機能要件	非機能要件達成率(100%)	100%(30/30)	○
2.　開発作業の十分性				
	① 開発テスト	テスト項目消化率(100%)	110% (26065/23700)	○
	② ツール検証	ツールによる指摘箇所の対応完了率(100%)	100% (325/325)	○
	③ バグ摘出状況	バグ目標達成率(100%)	110% (2704/2462)	○
	④ 未解決バグ	未解決バグ数(0 件)	0 件	○
	⑤ バグ曲線の収束	バグ収束率(0.4 以内)	0.38	○
	⑥ 重大バグのバグ分析と水平展開	重大バグの水平展開完了率(100%)重大バグの対象は以下とする。 ① ST 摘出バグのうち、発生条件が単純なバグ、または、システムダウンなどの発生現象が影響の大きいバグ ②第三者ソフトウェア評価で検出されたバグ ソフトウェア評価で検出されたバグ	100% 第三者ソフトウェア評価で検出されたバグ 9 件に対して水平展開施策を完了。 施策による新たなバグ摘出なし。	○
3.　第三者ソフトウェア評価の完了				
	① ソフトウェア	ソフトウェアの第三者評価完了率(100%)	100% (650/650)	○
	② マニュアル	マニュアルの第三者評価完了率(100%)	100%(45/45)	○
4.　規則・標準への準拠				
	① セキュリティ	セキュア開発の規則遵守率(100%)	100%(23/23)	○
	② OSS ライセンス	OSS ライセンスの遵守率(100%)	100%(3/3)	○
	③ その他	その他の規則遵守率(100%)	※特になし	―
5.　納品物の十分性				
	① 納品物	納品物充足率(100%)	100%	○

表 3.33　課題一覧表

No.	工程	課題内容	責任者	指摘日	対処結果	完了日
1	計画審査	定量データの目標値が基準を達成していない項目を見直すこと。 ・サブ B のレビュー工数 ・サブ D のレビュー工数とバグ数	サブ B リーダー、サブ D リーダー	9/30	指摘項目を基準値で見直した。	10/1
2	BD	顧客から追加要件があり、サブプロジェクト D にかかわるため、サブ D 内で追加規模の見積りと線表見直しを検討すること。	サブ D リーダー	10/20	追加規模は約 10KL の見積りである。予定期間のバッファ内に収まり線表の見直し不要と判断する。	10/21
3	BD 終了審査	サブ D の計画値達成率がレビュー工数 100% に対して摘出バグ数 112% あり、BD の品質が悪い可能性がある。追加要件による影響がないか確認すること。	サブ D リーダー	10/30	有識者がレビューしたため品質上の問題はないことを確認しており、再見積りは不要と判断する。	10/30
4	DD 終了審査	サブ D のレビュー工数の計画値達成率 100% に対して、摘出バグ数は 111% ある。追加要件がサブ D に集中しているため、見積りの再見直しと、追加レビューによりさらにバグを検出すること。	サブ D リーダー	11/22	有識者がレビューしたため品質上の問題はないことを確認した。	11/22
5	CD 終了審査	サブ D のレビュー工数の計画値達成率は 100% であるが、摘出バグ数は 135% である。追加要件の規模増加によるものと思われるが、これに伴い BD、DD のレビュー不足が懸念されるため、遡って追加レビューなどの対策を実施すること。	サブ D リーダー	12/22	有識者がレビューしたため品質上の問題はないことを確認した。	12/22
6	UT 終了審査	サブ D の計画値達成率はテスト消化率、バグ摘出率ともに基準を大幅に超過している。規模増加に伴う目標値の見直しをしていないため判断できないが、実績値ベースで測るテスト密度、バグ密度が明らかに低いため追加テストが必要である。	サブ D リーダー	1/22	有識者によるテスト項目のレビューを行い品質上の問題はないことを確認した。	1/24
7	ST	サブ D のテスト密度、バグ密度が IT 時と同様に低い。追加テストによるバグ摘出が必要である。	サブ D リーダー	1/31	有識者によるテスト項目のレビューを行い品質上の問題はないことを確認した。	2/3
8	ST	第三者ソフトウェア評価で検出したバグ 9 件のバグ分析と水平展開施策を検討すること。	サブ B リーダー、サブ D リーダー	1/31	バグ分析してテストを追加したがバグは検出されず問題なし。	2/8

第3章 ● ソフトウェア品質を審査する

表 3.34　第三者ソフトウェア評価結果報告書（抜粋）

1. サマリー	・スケジュール：設計：11/22-1/22 　　　　　　　　評価：1/22-1/31 ・評価工数：1230 人時 ・評価対象機能：A-1、A-2、B-1、C-1、D-1、D-2、D-3 ・評価項目完了率（実績 / 予定）：100%（650/650） ・摘出バグ：9 件 　内訳：

サブプロジェクト名	機能名	摘出バグ数
サブ B	B-1	1 件
サブ D	D-1	2 件
	D-2	1 件
	D-3（追加要件）	5 件

2. 詳細	・摘出バグの概要：

No	検出日	機能	発生事象	バグ区分	修正確認
1	1/25	D-3	通信エラーで強制終了	バグ	1/30
2	1/26	D-1	プログラム異常終了	バグ	1/28
3	1/26	B-1	画面表示文字誤り	バグ	1/28
4	1/26	D-3	通信エラーで強制終了	バグ	1/29
5	1/27	D-2	プログラム異常終了	バグ	1/28
6	1/28	D-1	プログラム異常終了	バグ	1/30
7	1/29	D-3	プログラム異常終了	バグ	1/30
8	1/30	D-3	通信エラーで強制終了	バグ	1/30
9	1/30	D-3	プログラム異常終了	バグ	1/30

表 3.35 品質会計票（プロジェクト全体）

プロジェクト名	XXX システム Version2.0 開発
報告日	2019/2/10
報告者	A社・第二システム開発本部・山田

工程			計画	BD	DD	CD	上工程計	UT	ST	テスト工程計	全工程計
開発規模	新規+改造(KL)	予定・	90	90	90	100		102	103		
	流用(KL)	実績									
	新+改+流(KL)	(CD以降)	90	90	90	100		102	103		
日程	開始日	予定		2018/10/1	2018/10/22	2018/11/12		2018/12/12	2019/1/16		
		実績		2018/10/1	2018/11/1	2018/11/23		2018/12/22	2019/1/22		
	完了日	予定		2018/10/21	2018/11/11	2018/12/11		2019/1/15	2019/1/31		2019/2/10
		実績		2018/10/30	2018/11/22	2018/12/22		2019/1/22	2019/1/31		
	工程完了遅延日数			9	11	11	31	7	0	7	38
工数	工数	予定		4280	4552	6376	15208	7656	3568	11224	26432
		実績		5000	4640	6432	16072	7440	2992	10432	26504
	進捗率			116.8%	101.9%	100.9%	105.7%	97.2%	83.9%	92.9%	100.3%
	工数密度	予定		47.6	50.6	70.8	169.0	85.1	39.6	124.7	293.7
		実績		55.6	51.6	64.3	160.7	72.9	29.0	101.3	257.3
レビュー	レビュー工数	予定		603	641	922	2166	321	300	621	
		実績		618	656	937	2211	326	305	631	
	進捗率			102.5%	102.3%	101.6%	102.1%	101.6%	101.7%	101.6%	
	レビュー密度	予定		6.7	7.1	10.2	24.1				
		実績		6.9	7.3	9.4	22.1				
テスト	新規項目数	予定						21000	2700	23700	
		実績						23031	3034	26065	
	既存項目数	予定								0	
		実績								0	
	項目消化率							109.7%	112.4%	110.0%	
	項目数密度	予定						233.3	30.0	263.3	
		実績						225.8	29.5	253.1	
設計書	ページ数	予定		747	1215		1962				
		実績		705	1321		2026				
	ページ密度	予定		8.3	13.5		21.8				
		実績		7.8	14.7		20.3				
バグ	摘出数	予定		224	719	936	1879	516	67	583	2462
		実績		239	745	1077	2061	573	70	643	2704
	摘出率			106.7%	103.6%	115.1%	109.7%	111.0%	104.5%	110.3%	109.8%
	摘出数分布	予定		9.1%	29.2%	38.0%	76.3%	21.0%	2.7%	23.7%	100.0%
		実績		8.8%	27.6%	39.8%	76.2%	21.2%	2.6%	23.8%	100.0%
	バグ密度	予定		2.5	8.0	10.4	20.9	5.7	0.7	6.5	27.4
		実績		2.7	8.3	10.8	20.6	5.6	0.7	6.2	26.3
	作り込み数	予定		245	738	1479	2462				
		実績		405	811	1488	2704				
	作り込み数分布	予定		10.0%	30.0%	60.0%	100.0%				
		実績		15.0%	30.0%	55.0%	100.0%				

第3章 ● ソフトウェア品質を審査する

表3.36 品質会計票（サブプロジェクト A）

プロジェクト名	XXX システム Version2.0 開発 サブプロジェクト A								
報告日	2019/2/10								
報告者	A社・第二システム開発本部・高橋								

工程			計画	BD	DD	CD	上工程計	UT	ST	テスト工程計	全工程計
開発規模	新規＋改造(KL)	予定・実績	25	25	25	26		26	26		
	流用(KL)										
	新＋改＋流(KL)	(CD以降)	25	25	25	26		26	26		
日程	開始日	予定		2018/10/1	2018/10/21	2018/11/11		2018/12/10	2019/1/15		
		実績		2018/10/1	2018/10/21	2018/11/11		2018/12/10	2019/1/15		
	完了日	予定		2018/10/20	2018/11/10	2018/12/9		2019/1/14	2019/1/31		2019/2/10
		実績		2018/10/20	2018/11/10	2018/12/9		2019/1/14	2019/1/31		
	工程完了遅延日数			0	0	0	0	0	0	0	0
工数	工数	予定		1216	1280	1792	4288	2240	1024	3264	7552
		実績		1216	1280	1792	4288	2240	1024	3264	7552
	進捗率			100.0%	100.0%	100.0%	100.0%	100.0%	100.0%	100.0%	100.0%
	工数密度	予定		48.6	51.2	71.7	171.5	89.6	41.0	130.6	302.1
		実績		48.6	51.2	68.9	164.9	86.2	39.4	125.5	290.5
レビュー	レビュー工数	予定		165	185	265	615	90	83	173	
		実績		170	190	270	630	91	85	176	
	進捗率			103.0%	102.7%	101.9%	102.4%	101.1%	102.4%	101.7%	
	レビュー密度	予定		6.6	7.4	10.6	24.6				
		実績		6.8	7.6	10.4	24.2				
テスト	新規項目数	予定						5800	750	6550	
		実績						6121	783	6904	
	既存項目数	予定								0	
		実績								0	
	項目消化率							105.5%	104.4%	105.4%	
	項目数密度	予定						232.0	30.0	262.0	
		実績						235.4	30.1	265.5	
設計書	ページ数	予定		208	338		546				
		実績		196	367		563				
	ページ密度	予定		8.3	13.5		21.8				
		実績		7.8	14.7		21.7				
バグ	摘出数	予定		65	208	263	536	140	18	158	694
		実績		68	209	275	552	148	20	168	720
	摘出率			104.6%	100.5%	104.6%	103.0%	105.7%	111.1%	106.3%	103.7%
	摘出数分布	予定		9.4%	30.0%	37.9%	77.2%	20.2%	2.6%	22.8%	100.0%
		実績		9.4%	29.0%	38.2%	76.7%	20.6%	2.8%	23.3%	100.0%
	バグ密度	予定		2.6	8.3	10.5	21.4	5.6	0.7	6.3	27.8
		実績		2.7	8.4	10.6	21.2	5.7	0.8	6.5	27.7
	作り込み数	予定		72	213	409	694				
		実績		103	218	399	720				
	作り込み数分布	予定		10.4%	30.7%	58.9%	100.0%				
		実績		14.3%	30.3%	55.4%	100.0%				

104

表3.37　品質会計票（サブプロジェクトB）

プロジェクト名	XXXシステム Version2.0 開発サブプロジェクトB								
報告日	2019/2/10								
報告者	A社・第三システム開発本部・加藤								

	工程		計画	BD	DD	CD	上工程計	UT	ST	テスト工程計	全工程計
開発規模	新規+改造(KL)	予定・	20	20	20	21		21	21		
	流用(KL)	実績									
	新+改+流(KL)	(CD以降)	20	20	20	21		21	21		
日程	開始日	予定		2018/10/1	2018/10/22	2018/11/12		2018/12/11	2019/1/14		
		実績		2018/10/1	2018/10/22	2018/11/13		2018/12/13	2019/1/16		
	完了日	予定		2018/10/21	2018/11/11	2018/12/10		2019/1/13	2019/1/31		2019/2/10
		実績		2018/10/21	2018/11/12	2018/12/12		2019/1/15	2019/1/31		
	工程完了遅延日数			0	1	2	3	2	0	2	5
工数	工数	予定		1120	1120	1568	3808	1848	952	2800	6608
		実績		1120	1176	1624	3920	1848	840	2688	6608
	進捗率			100.0%	105.0%	103.6%	102.9%	100.0%	88.2%	96.0%	100.0%
	工数密度	予定		56.0	56.0	78.4	190.4	92.4	47.6	140.0	330.4
		実績		56.0	58.8	77.3	186.7	88.0	40.0	128.0	314.7
レビュー	レビュー工数	予定		145	155	220	520	71	67	138	
		実績		150	160	225	535	72	68	140	
	進捗率			103.4%	103.2%	102.3%	102.9%	101.4%	101.5%	101.4%	
	レビュー密度	予定		7.3	7.8	11.0	26.0				
		実績		7.5	8.0	10.7	25.5				
テスト	新規項目数	予定						4600	600	5200	
		実績						4832	694	5526	
	既存項目数	予定								0	
		実績								0	
	項目消化率							105.0%	115.7%	106.3%	
	項目数密度	予定						230.0	30.0	260.0	
		実績						230.1	33.0	263.1	
設計書	ページ数	予定		166	270		436				
		実績		157	293		450				
	ページ密度	予定		8.3	13.5		21.8				
		実績		7.9	14.7		21.4				
バグ	摘出数	予定		52	166	210	428	112	14	126	554
		実績		54	167	220	441	119	15	134	575
	摘出率			103.8%	100.6%	104.8%	103.0%	106.3%	107.1%	106.3%	103.8%
	摘出数分布	予定		9.4%	30.0%	37.9%	77.3%	20.2%	2.5%	22.7%	100.0%
		実績		9.4%	29.0%	38.3%	76.7%	20.7%	2.6%	23.3%	100.0%
	バグ密度	予定		2.6	8.3	10.5	21.4	5.6	0.7	6.3	27.7
		実績		2.7	8.4	10.5	21.0	5.7	0.7	6.4	27.4
	作り込み数	予定		56	170	328	554				
		実績		74	177	324	575				
	作り込み数分布	予定		10.1%	30.7%	59.2%	100.0%				
		実績		12.9%	30.8%	56.3%	100.0%				

第3章 ● ソフトウェア品質を審査する

表3.38　品質会計票（サブプロジェクトC）

プロジェクト名	XXX システム Version2.0 開発サブプロジェクトC
報告日	2019/2/10
報告者	A社・第四システム開発本部・鈴木

工程			計画	BD	DD	CD	上工程計	UT	ST	テスト工程計	全工程計
開発規模	新規+改造(KL)	予定・実績	15	15	15	16		16	16		
	流用(KL)										
	新+改+流(KL)	(CD以降)	15	15	15	16		16	16		
日程	開始日	予定		2018/10/1	2018/10/20	2018/11/10		2018/12/10	2019/1/15		
		実績		2018/10/1	2018/10/20	2018/11/11		2018/12/11	2019/1/16		
	完了日	予定		2018/10/19	2018/11/9	2018/12/9		2019/1/14	2019/1/31		2019/2/10
		実績		2018/10/19	2018/11/10	2018/12/10		2019/1/15	2019/1/31		
	工程完了遅延日数			0	1	1	2	1	0	1	3
工数	工数	予定		576	640	928	2144	1120	512	1632	3776
		実績		576	672	928	2176	1120	480	1600	3776
	進捗率			100.0%	105.0%	100.0%	101.5%	100.0%	93.8%	98.0%	100.0%
	工数密度	予定		38.4	42.7	61.9	142.9	74.7	34.1	108.8	251.7
		実績		38.4	44.8	58.0	136.0	70.0	30.0	100.0	236.0
レビュー	レビュー工数	予定		105	105	150	360	53	50	103	
		実績		110	110	155	375	54	51	105	
	進捗率			104.8%	104.8%	103.3%	104.2%	101.9%	102.0%	101.9%	
	レビュー密度	予定		7.0	7.0	10.0	24.0				
		実績		7.3	7.3	9.7	23.4				
テスト	新規項目数	予定						3500	450	3950	
		実績						3757	458	4215	
	既存項目数	予定								0	
		実績								0	
	項目消化率							107.3%	101.8%	106.7%	
	項目数密度	予定						233.3	30.0	263.3	
		実績						234.8	28.6	263.4	
設計書	ページ数	予定		125	203		328				
		実績		117	220		337				
	ページ密度	予定		8.3	13.5		21.9				
		実績		7.8	14.7		21.1				
バグ	摘出数	予定		39	125	158	322	84	11	95	417
		実績		41	126	169	336	91	11	102	438
	摘出率			105.1%	100.8%	107.0%	104.3%	108.3%	100.0%	107.4%	105.0%
	摘出数分布	予定		9.4%	30.0%	37.8%	77.2%	20.1%	2.7%	22.8%	100.0%
		実績		9.4%	28.8%	38.5%	76.7%	20.8%	2.5%	23.3%	100.0%
	バグ密度	予定		2.6	8.3	10.5	21.5	5.6	0.7	6.3	27.8
		実績		2.7	8.4	10.6	21.0	5.7	0.7	6.4	27.4
	作り込み数	予定		41	127	249	417				
		実績		62	136	240	438				
	作り込み数分布	予定		9.8%	30.5%	59.7%	100.0%				
		実績		14.2%	31.1%	54.7%	100.0%				

第 3 章の演習問題

表 3.39　品質会計票（サブプロジェクト D）

プロジェクト名	XXX システム Version2.0 開発サブプロジェクト D								
報告日	2019/2/10								
報告者	A 社・応用システム開発本部・田中								

工程			計画	BD	DD	CD	上工程計	UT	ST	テスト工程計	全工程計
開発規模	新規＋改造(KL)	予定・実績(CD以降)	30	30	30	37		39	40		
	流用(KL)										
	新＋改＋流(KL)		30	30	30	37		39	40		
日程	開始日	予定		2018/10/1	2018/10/21	2018/11/12		2018/12/12	2019/1/16		
		実績		2018/10/1	2018/11/1	2018/11/23		2018/12/22	2019/1/22		
	完了日	予定		2018/10/20	2018/11/11	2018/12/11		2019/1/15	2019/1/31		2019/2/10
		実績		2018/10/30	2018/11/22	2018/12/22		2019/1/22	2019/1/31		
	工程完了遅延日数			10	11	11	32	7	0	7	39
工数	工数	予定		1368	1512	2088	4968	2448	1080	3528	8496
		実績		2088	1512	2088	5688	2232	648	2880	8568
	進捗率			152.6%	100.0%	100.0%	114.5%	91.2%	60.0%	81.6%	100.8%
	工数密度	予定		45.6	50.4	69.6	165.6	81.6	36.0	117.6	283.2
		実績		69.6	50.4	56.4	153.7	57.2	16.2	72.0	214.2
レビュー	レビュー工数	予定		188	196	287	671	107	100	207	
		実績		188	196	287	671	109	102	211	
	進捗率			100.0%	100.0%	100.0%	100.0%	101.9%	102.0%	101.9%	
	レビュー密度	予定		6.3	6.5	9.6	22.4				
		実績		6.3	6.5	7.8	18.1				
テスト	新規項目数	予定						7100	900	8000	
		実績						8321	1099	9420	
	既存項目数	予定								0	
		実績								0	
	項目消化率							117.2%	122.1%	117.8%	
	項目数密度	予定						236.7	30.0	266.7	
		実績						213.4	27.5	235.5	
設計書	ページ数	予定		249	405		654				
		実績		235	440		675				
	ページ密度	予定		8.3	13.5		21.8				
		実績		7.8	14.7		18.2				
バグ	摘出数	予定		68	220	305	593	180	24	204	797
		実績		76	243	413	732	215	24	239	971
	摘出率			111.8%	110.5%	135.4%	123.4%	119.4%	100.0%	117.2%	121.8%
	摘出数分布	予定		8.5%	27.6%	38.3%	74.4%	22.6%	3.0%	25.6%	100.0%
		実績		7.8%	25.0%	42.6%	75.4%	22.1%	2.5%	24.6%	100.0%
	バグ密度	予定		2.3	7.3	10.2	19.8	6.0	0.8	6.8	26.6
		実績		2.5	8.1	11.2	19.8	5.5	0.6	6.0	24.3
	作り込み数	予定		76	228	493	797				
		実績		166	280	525	971				
	作り込み数分布	予定		9.5%	28.6%	61.9%	100.0%				
		実績		17.1%	28.8%	54.1%	100.0%				

107

第4章

データで開発途中の品質を分析する

　定量データ分析とは、ソフトウェア開発途中で得られるデータを使って、開発活動の適切性を示すプロセス品質を分析する技法である。定量データ分析は、開発途中のデータがあればすぐに適用できるため、比較的取り組みやすい。一方、数値だけで開発内容まで把握することはむずかしいため、ともすると表面的な細かい危険性の指摘に陥りがちとなる。本章では、定量データ分析の結果と、現実のプロジェクト状況を観察した結果が食い違う場合の考え方など、現場で役立つ分析方法を合わせて解説する。本章で紹介する定量データ分析技法は、ソフトウェア品質会計[14]にもとづくものである。

第 4 章 ● データで開発途中の品質を分析する

4.1 ▶ 本章の概要

本章では、表 4.1 に挙げる 5 種類の定量データ分析評価技法を解説する。いずれも、バグに注目して品質の作り込み状況を分析する技法であり、開発開始時から出荷に至るまでのさまざまな場面で適用できる。必要な場合はバグ目標値の見直しにも用いる。各技法の主な適用場面を図 4.1 に示す。

4.2 ▶ 回帰型バグ予測モデル

回帰型バグ予測モデルは、開発開始時にバグ目標値を決定するための技法である。回帰型バグ予測モデルを図 4.2 に示す。回帰型バグ予測モデルは、その名のとおり、統計分析により得られるモデルである。自組織の過去データを使って、回帰型バグ予測モデルを作成し、その回帰型バグ予測モデル式へ今回

表 4.1 定量データ分析技法一覧

No.	分析評価技法	特徴	適用場面
1	回帰型バグ予測モデル (4.2 節)	開発開始時に、今回の開発で作り込むであろう総バグ数を予測するためのバグ予測技法	開発開始時
2	品質判定表 (4.3 節)	開発途中の品質状況を判断する技法。上工程ではレビュー工数 /KL に対するバグ数 /KL、テスト工程ではテスト項目数 /KL に対するバグ数 /KL を使用して品質判定し、バグ目標値を見直すための見直し式も提示している。	上工程(上工程品質判定表)実施時 テスト工程(テスト工程品質判定表)実施時
3	作り込み工程別バグ分析 (4.4 節)	バグの作り込み工程に注目して、品質分析する技法	主に上工程実施時
4	バグ傾向分析 (4.5 節)	摘出したバグをさまざまな観点から整理することにより、バグの摘出傾向に偏りがないかを分析する技法	主に上工程終了時、テスト工程終了時
5	バグ収束判定 (4.6 節)	テスト度合いに対する累積摘出バグ数の推移により、バグ収束を判断する技法	テスト工程終了時

110

4.2 ● 回帰型バグ予測モデル

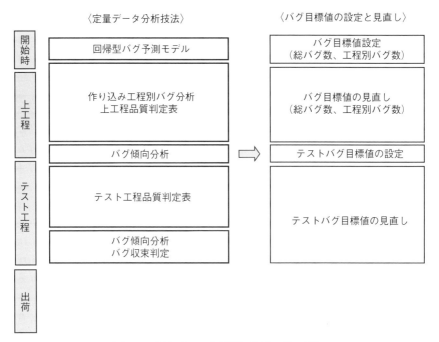

図 4.1 定量データ分析評価技法の適用場面

のプロジェクトデータを代入して、バグ目標値を算出する。

(1) 回帰型バグ予測モデルの作成手順

① 過去データの準備

　過去のソフトウェア開発プロジェクトデータを準備する。使用するデータ項目は、開発規模とバグ数である。過去のプロジェクトデータは、30件程度は準備したい。一般にプロジェクトデータ件数の多いほうが、予測精度の良いモデル式が得られる。

② 回帰分析

　バグ数を目的変数、開発規模を説明変数として、統計ツールにより回帰分析する。回帰分析は以下のどちらかの方法で実施し、図4.2の回帰型バグ予測モ

第4章 ● データで開発途中の品質を分析する

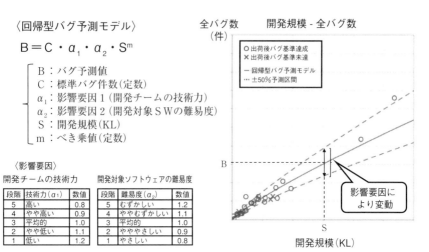

図 4.2　回帰型バグ予測モデル

デルの標準バグ件数Cとべき乗値mを求める。回帰分析時の決定係数R^2は0.5以上が望ましい[22]。

- 回帰分析すると、標準バグ数Cが得られる。得られたモデル式は、m = 1の直線的なモデル式である。このモデル式の利点は、下記のべき乗型モデルに比べて直感的にわかりやすいことである。なお、組織ごとに開発規模あたりのバグ基準値を設定している場合には、そのバグ基準値を標準バグ数Cとして適用してもよい。意味としては同じである。
- バグ数と開発規模の2つのデータ項目をどちらも対数変換し、回帰分析する。得られたモデル式を実数へ変換すると、標準バグ数Cとべき乗値mが得られる。mは1より小さい小数点以下の数値をもつ場合が多く、弓型の形状を描く、べき乗型のモデル式となる。対数変換する利点は、各データ項目が釣鐘型に分布するようになるため、得られたモデル式の予測精度が向上することが多いことにある。

③ 影響要因の数値設定

　影響要因は、開発チームの技術力と開発対象ソフトウェアの難易度の2つを使用する。②で得たモデル式の予測値が、これら2つの要因により上下すると考える。すなわち、2つの要因がどちらも最大値の場合に、モデル式の予測値が上限値となり、2つの要因がどちらも最小値の場合に下限値となるよう、5段階の数値を設定する。図4.2は、予測値が±40％の範囲で上下する場合の数値例である。また、上下する範囲は、回帰分析時に同時に得られる50％予測区間の範囲に設定してもよい。なお、開発するソフトウェア領域の特性に応じて、これら2つの要因だけでなく、信頼性など別の要因を追加して適用してもよい。

(2) 回帰型バグ予測モデルを適用したバグ予測

　回帰型バグ予測モデルへ実際の数値を代入して、バグ予測値を算出する（図4.3）。算出値の小数点以下は四捨五入する。こうして得られた数値が総バグ予

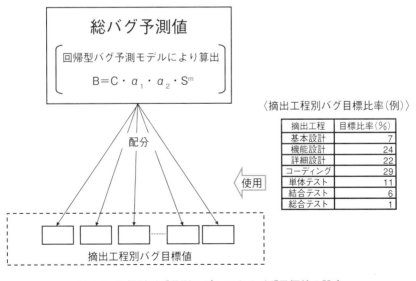

図4.3　回帰型バグ予測モデルによるバグ目標値の設定

第 4 章 ● データで開発途中の品質を分析する

測値である。この総バグ予測値へ、別途用意する摘出工程別バグ目標比率を乗
算して、摘出工程別バグ目標値を算出する。ここでも算出値の小数点以下は四
捨五入する。摘出工程別バグ目標比率は、過去のプロジェクト実績値を参考に
し、今回のプロジェクトに期待する改善度合いを加味して設定する。たとえば、
上工程でのレビューによるバグ摘出数を増加させる計画の場合、上工程バグ摘
出率が直近の実績値で 60％であれば、今回は 65％へ 5％上がるよう摘出工程
別バグ目標比率を設定するといった具合である。回帰型バグ予測モデルによる
バグ目標値の算出例を図 4.4 に示す。

〈回帰型バグ予測モデル〉

$$B = C \cdot a_1 \cdot a_2 \cdot S^m$$

- B ：バグ予測値
- C ：標準バグ件数 C＝12.0 とする
- a_1 ：技術力（右表参照）
- a_2 ：難易度（右表参照）
- S ：開発規模（KL）
- m ：べき乗値（定数）m＝1 とする

技術力

段階	技術力（a_1）	数値
5	高い	0.8
4	やや高い	0.9
3	平均的	1.0
2	やや低い	1.1
1	低い	1.2

難易度

段階	難易度（a_2）	数値
5	むずかしい	1.2
4	ややむずかしい	1.1
3	平均的	1.0
2	ややさしい	0.9
1	やさしい	0.8

〈対象プロジェクトの情報〉

- 計画開発規模：10.0KL
- 技術力（a_1）：2（やや低い）
- 難易度（a_2）：4（ややむずかしい）

〈バグ予測値の算出〉

$$B = C \times a_1 \times a_2 \times S$$
$$= 12.0 \times 1.10 \times 1.10 \times 10.0$$
$$= 145.2 \fallingdotseq 145$$

∴ バグ予測値＝145 件

図 4.4　回帰型バグ予測モデルによるバグ目標値の算出（例）

4.3 ▶ 品質判定表

　品質判定表は、各工程の終盤に、レビューまたはテストに対するバグ数という2つの指標値を使って現時点の品質を判断する技法である(**図 4.5**)。品質判定表は、上工程およびテスト工程の両方で用い、上工程ではレビュー工数/KL およびレビューによる摘出バグ数/KL、テスト工程ではテスト項目数/KL およびテストによる摘出バグ数/KL を使用する。バグはレビューやテストをしなければ摘出されないので、実施したレビュー工数やテスト項目数に対するバグ数という因果関係によって品質を判断する必要がある。バグ数単独では、品質の良し悪しを分析できないことに注意する。品質判定表を使用するための

品質判定表		レビュー工数/KLまたはテスト項目数/KL		
		実績＜計画－n％	計画−n％≦実績≦計画+n%	計画＋n％＜実績
摘出バグ数/KL	実績＜計画－n％	品質を判断する時期ではない⇒レビュー継続	計画より品質が良い⇒①式で見直し	計画より品質が良い⇒②式で見直し
	計画−n%≦実績≦計画+n%	計画より品質が悪い⇒①式で見直し	品質は計画どおり	品質は計画どおり
	計画＋n％＜実績	計画より品質が悪い⇒①式で見直し	計画より品質が悪い⇒①式で見直し	計画より品質が悪い⇒②式で見直し

※n%は許容範囲

〈バグ目標値見直し式〉

①式：新バグ目標値* ＝旧バグ目標値* ×

$$\frac{\dfrac{\text{レビューまたはテストによる摘出バグ数の当該工程実績値}}{\text{レビューまたはテスト項目数の当該工程実績値}}}{\dfrac{\text{レビューまたはテストによる摘出バグ数の当該工程目標値}}{\text{レビューまたはテスト項目数の当該工程目標値}}}$$

②式：新バグ目標値* ＝旧バグ目標値* ×

$$\frac{\dfrac{\text{レビューまたはテストによる摘出バグ数の当該工程実績値}}{\text{開発規模*}}}{\dfrac{\text{レビューまたはテストによる摘出バグ数の当該工程目標値}}{\text{計画開発規模}}}$$

注)　バグ目標値*は、上工程では総バグ目標値、テスト工程ではテストバグ目標値を使用する。開発規模*は、実績開発規模の確定時は実績開発規模、未確定時には計画開発規模を使用する。

図 4.5　品質判定表

第 4 章 ● データで開発途中の品質を分析する

データ整理には、表 4.2 を使用する。

　品質判定表の考え方は、過去と同等レベルでレビューまたはテストを実施したときに摘出されるバグ数の多寡によって、現時点の作り込み品質を判定しようというものである。過去と同等レベルでレビューやテストを実施したときを想定してみよう。このとき、摘出バグ数も過去と同等レベルで摘出される場合には、品質は過去と同等と考えられる。一方、摘出バグ数が過去よりも多い場合は品質が悪く、摘出バグ数が過去よりも少ない場合は品質が良いと考えられる。品質判定表は、これらのいわば当たり前の判断を表に整理したものである。

　許容範囲 n% とは、目標値に対する実績値の達成度を判断する際のしきい値である。許容範囲 n% は、現場の実情に合わせて個々に設定する。しきい値の数値が小さいほうが実施難易度は高いため、品質判定表を初めて適用する場合は 20%、慣れてきたら 10% を使用することをお勧めする。

　品質判定の結果、バグ目標値の見直しが必要な場合は、品質判定表の該当箇所に示す見直し式を使用して、バグ目標値を見直す。摘出工程別バグ目標値への配分は、それまでの開発経緯や現在のプロジェクト状況などを考慮して、現実的な数値を設定する。品質判定表の具体的な適用事例を、図 4.6 に示す。

　品質判定表の判定結果が現実を反映していない場合は、品質判定表の判定結果を単純に適用できない。このような場合は、以下に示すように現実を優先し、個々のプロジェクト条件を考慮して品質判定の考え方を整理し判定する。

- 品質判定表は、過去と同じようにレビューやテストを実施することを前提としている。過去と同じようにレビューやテストを実施しなかった場

表 4.2　KL あたりの目標と実績

（工程名）	目標	実績	KL あたり		KL あたり目標値の ± n% *	
			目標	実績	－ n%	＋ n%
摘出バグ数						
レビュー工数*						

注）　レビュー工数は上工程で使用する。テスト工程ではテスト項目を使用する。n% は許容範囲である。プロジェクトの実力に応じて設定する。

4.3 ● 品質判定表

詳細設計工程の目標・実績

詳細設計工程	目標	実績	KLあたり		KLあたり目標値の±10%	
			目標	実績	−10%	+10%
摘出バグ数	45	64	2.25	3.20	2.03	2.48
レビュー工数	60	58	3.00	2.90	2.70	3.30

利用

上工程品質判定表による品質判定

上工程品質判定表		レビュー工数/KL		
		実績＜計画−10% （実績＜2.70）	計画−10%≦実績≦ 計画+10% （2.70≦実績≦3.30）	計画+10%＜実績 （3.30＜実績）
レビューでの摘出 バグ数/KL	実績＜計画−10% （実績＜2.03）	品質を判断する時期 ではない ⇒レビュー継続	品質は計画 よりも良い ⇒①式で見直し	品質は計画よりも 良い ⇒②式で見直し
	計画−10%≦ 実績≦計画+10% （2.03≦実績≦2.48）	計画より品質が悪い ⇒①式で見直し	品質は計画どおり	品質は計画どおり
	計画+10%＜実績 （2.48＜実績）	計画より品質が悪い ⇒①式で見直し	計画より品質が悪い ⇒①式で見直し	計画より品質が悪い ⇒②式で見直し

バグ目標値の見直し（①式）

$$新目標値 = 旧目標値 \times \cfrac{\cfrac{レビューによる摘出バグ数実績値}{レビュー工数実績値}}{\cfrac{レビューによる摘出バグ数目標値}{レビュー工数目標値}}$$

$$= 203 \times \cfrac{\cfrac{64}{58}}{\cfrac{45}{60}}$$

$$\fallingdotseq 299$$

摘出工程	旧目標値	実績値	新目標値	(参考：バグ 目標比率)
基本設計	14	13	21	7
機能設計	49	47	71	24
詳細設計	45	64	66	22
コーディング	59		87	29
単体テスト	22		33	11
結合テスト	12		18	6
総合テスト	2		3	1
合計	203		299	

- 新目標値は、バグ目標値の見直し式で算出した299件をバグ目標比率で配分した計算値である。
- 既にDD工程まで進んでいるので、計算した新目標値をそのまま目標値とするかどうかは、それまでの開発経緯と今後の進め方を考慮して検討する。

図4.6　詳細設計工程での上工程品質判定表による品質判定（例）

第4章●データで開発途中の品質を分析する

　　合は、品質判定表による品質判定はできない。

　● 現実のプロジェクト状況が品質判定表の判定結果と合致しない場合は、
　　品質判定表が使用する2つの指標値(摘出バグ数とレビュー工数、または
　　摘出バグ数とテスト項目数)が現実を説明しきれていないと考えられる。
　　この場合は、品質判定表の判定結果ではなく、現実の結果を優先する。

4.4 ▶ 作り込み工程別バグ分析

　作り込み工程別バグ分析は、主に上工程途中で品質の良し悪しを分析するた
めに使用し、各工程の終了時に実施する。作り込み工程別バグ分析は、バグの
作り込み工程に注目して、当該設計工程のレビュー推移および作り込み工程別
バグ数の2つの観点から分析する。前準備として、分析対象バグの作り込み工
程をバグ1件ごとに分析しておく(作り込み工程は1.4節(6))。表4.3に作り込
み工程別バグ分析の分析観点、表4.4および表4.5に事前に整理すべきデータ
表を示す。また、具体的な作り込み工程別バグ分析の分析事例を図4.7に示す。

　表4.3に示す作り込み工程別バグ分析の分析観点ごとに、分析の考え方を解
説する。

表4.3　作り込み工程別バグ分析の分析観点

No.	分析観点		分析ポイント
(1)	レビュー推移と摘出バグ数	①	レビュー推移に連れて、摘出されるバグ数は減少しているか
		②	レビュー推移に連れて、作り込み工程別のバグ数は減少しているか
(2)	作り込み工程別バグ数	①	当該工程の作り込みバグ数は、多く摘出されていないか(当該工程のバグ目標値を上回るほど摘出されていないか)
		②	1つ前の工程の作り込みバグ数は、目安(作り込み工程で80%、次工程で残り20%を摘出)を超えて摘出されていないか
		③	2つ前の工程の作り込みバグ数が摘出されていないか

118

4.4 ●作り込み工程別バグ分析

表4.4 レビューごとの摘出バグ数

作り込み工程別バグ	設計中の摘出バグ	レビュー（1回目）	レビュー（2回目）	レビュー（3回目）	レビュー（4回目）	…	合計
BDバグ							
FDバグ							
DDバグ							
CDバグ							
合計							

表4.5 摘出工程ごとのバグ数

摘出工程	摘出工程別バグ		作り込み工程別バグ			
	目標	実績	BDバグ	FDバグ	DDバグ	CDバグ
基本設計工程						
機能設計工程						
詳細設計工程						
コーディング工程						

(1) レビュー推移と摘出バグ数

　当該設計工程のレビュー推移に注目して、表4.4の表にデータを整理する。作り込み工程別バグ分析の分析観点（表4.3(1)）に沿って、摘出バグ数と作り込み工程別のバグ数が減少傾向にあるかが判断ポイントとなる（表4.3(1)①と②）。バグ数が減少傾向にない場合や、減少傾向にあってもバグ数そのものの数値が大きい場合は、まだレビューが不足していると考えるべきである。

　レビューは、開発チーム内⇒関係する他の開発チームなどと、順を追って実施することを想定する。一般に、レビューで摘出されるバグ数は、1回目が最も多く、以降は減少傾向となる。したがって、レビュー推移が減少傾向を示さない場合は、その原因を分析する必要がある。たとえば、バグ修正をした結果、潜在していた別のバグに気が付いたり、バグ修正をしたつもりが新たに別のバグを作り込んでしまった、といった原因が考えられる。

第4章 ● データで開発途中の品質を分析する

（1）レビュー推移と摘出バグ数

作り込み 工程別バグ	詳細設計	レビュー （1回目）	レビュー （2回目）	レビュー （3回目）	レビュー （4回目）	合計
BDバグ	0	0	2	0	0	2
FDバグ	4	3	4	2	2	15
DDバグ	—	13	15	11	8	47
合計	4	16	21	13	10	64

① レビュー推移に連れて、摘出されるバグ数は減少しているか。
  • レビュー推移に連れて、16件⇒21件⇒13件⇒10件と摘出バグ数は変化している。4回目にも10件のバグが摘出されていて、まだレビューすればバグ摘出される段階のように見える。このような状況にある原因を、レビュー方法や摘出したバグの内容から確認すべきである。
② レビュー推移に連れて、作り込み工程別のバグ数は減少しているか。
  • DDバグおよびFDバグは毎回バグが摘出されていて、まだレビューすればバグが摘出される段階のように見える。その原因をレビュー方法や摘出したバグの内容から確認すべきである。

（2）作り込み工程別バグ数

摘出工程	摘出工程別バグ		作り込み工程別バグ		
	目標	実績	BDバグ	FDバグ	DDバグ
基本設計工程	14	13	13		
機能設計工程	49	47	1	46	
詳細設計工程	45	64	2	15	47

① 当該工程の作り込みバグ数は、多く摘出されていないか（当該工程のバグ目標値を上回るほど摘出されていないか）。
  • DDバグは、47件摘出されており、詳細設計工程の摘出目標値45件より多く、問題である。
② 1つ前の工程の作り込みバグ数は、目安（作り込み工程で80%、次工程で残り20%を摘出）を超えて摘出されていないか
  • FDバグは、機能設計工程で46件、詳細設計工程で15件摘出されており、46件：15件≒3：1で目安（作り込み工程で80%、次工程で残り20%を摘出）より詳細設計工程の摘出が多く、問題である。機能設計工程のレビューに問題があると思われるため、機能設計仕様書のバグ修正と残存するバグがないかの水平展開が必要である。
③ 2つ前の工程の作り込みバグ数が摘出されていないか。
  • BDバグは、2件摘出されていて問題である。基本設計仕様書のバグ修正と残存するバグがないかの水平展開が必要である。

＜分析結果のまとめ＞

• 以下の原因を確認するとともに、まず基本設計仕様書や機能設計仕様書のバグ修正と水平展開を実施すべきである。そのうえで詳細設計仕様書のバグ修正と水平展開が必要である。
  ▶レビューすればバグ摘出される段階のように見える（（1）より）。
  ▶DDバグとFDバグが目標や目安とする数値よりも多い。BDバグも2件摘出されている（（2）より）。

図4.7　詳細設計工程での作り込み工程別バグ分析（例）

4.4 ●作り込み工程別バグ分析

レビュー対象物をいくつかに分割してレビューするような場合は、レビュー推移が減少傾向を示さないことも考えられる。その場合は、レビュー対象物全体で1回目に摘出されたバグ数⇒バグ修正結果の確認時に新たに摘出されたバグ数、といった形式でデータを整理して分析してみるとよい。

(2) 作り込み工程別バグ数

表4.5を使って、摘出工程ごとのバグ数を整理する。作り込み工程別バグ分析の分析観点(表4.3(2))に沿って、当該工程、1つ前の工程、2つ前の工程の作り込み工程別バグ数の傾向を分析する(表4.3(2)①～③)。品質会計では、作り込み工程別バグ数は、作り込み工程で80%、次工程で残り20%を摘出する目安を設けており、この目安に沿っているかが1つの判断ポイントになる。当該工程で摘出される作り込み工程別バグは、当該工程で作り込んだバグと、前工程までに既に作り込まれたバグから構成される。1つ前の工程で作り込まれたバグは、2つ前の工程のレビューで目安として80%のバグを摘出するようにレビューを進めているはずである。したがって、当該工程で20%を超えてバグが摘出される場合は、1つ前の工程のレビューが不十分だったと考えられる。また、2つ前の工程で作り込まれたバグは、当該工程では摘出されないはずなので、摘出される場合は、やはり前工程までのレビューが不十分だったと考えられる。当該工程で作り込まれたバグ数は、数値の大小の判断がむずかしいが、当該工程の摘出工程別バグ目標値は1つの判断材料になる。たとえば当該工程のバグ目標値を上回るほど当該工程の作り込みバグが摘出されている場合は、明らかに問題と判断できる。

ここで注意してほしいのは、作り込み工程80%・次工程20%のバグ摘出を、「目安」としている理由である。これは、バグを細かく分類して分析するので各数値が小さく、結果としてばらつきの幅が広くなることがあるためである。このため、作り込み工程80%・次工程20%を少しでも違反したら問題と判断するのではなく、摘出バグの内容を考慮しながら目安を意識して分析することをお勧めする。たとえば、1つ前の工程の作り込み工程別バグが次工程20%の

第 4 章 ● データで開発途中の品質を分析する

範囲内であっても、重要なバグが摘出されている場合は問題と判断すべきである。一方、20％を多少超えても重要なバグが摘出されていなければ大きな問題なしと判断してよい。

(3)　分析結果のまとめ

(1)と(2)の分析結果を整理し、品質向上施策を検討する。前工程までのバグは、必ず前工程までの仕様書を修正し、同種のバグが残存していないか水平展開すべきである。その上で当該工程の仕様書のバグ修正と水平展開を実施する。

作り込み工程別バグ分析を実施しないと、単に摘出バグ数だけに注目することになるため、上流での設計工程の作り込みバグが残存したまま開発を進めてしまうことが起こりうる。総合テストでバグが出続けるようなケースは、たいてい上流での設計工程の作り込みバグが残存していることに気が付かず、開発を進めたことが原因である。作り込み工程別バグ分析は、そのような事態に陥る前に、早期に問題解決できるという効果がある。

4.5 ▶ バグ傾向分析

バグ傾向分析は、摘出バグをさまざまな観点で分類して分析する技法である。バグ傾向分析の典型的な分析観点を表4.6に示す。表4.6のうち、特にバグ作り込み原因は、開発するソフトウェアの特性により原因が大きく異なるため、個々のケースに合わせて適切なバグ作り込み原因を設定して分析する。

バグ傾向分析は、開発のさまざまな時点で使用するが、お勧めは上工程終了時およびテスト終了時である。上工程終了時は、上工程作業の十分性を判定するとともに、テストバグ目標値の妥当性を検証するために使用する。テスト工程終了時は、テスト終了判定のために使用する。

本章で説明する定量データ分析技法の中で、最も難易度の高いのがバグ傾向分析である。その理由は、他の手法のように決まった手順がなく、開発対象ソフトウェアの特性に応じて分析観点を考える必要があるためである。ここでは、

4.5 ● バグ傾向分析

表 4.6　バグ傾向分析の分析観点

分析観点	内容
正規化	規模などの単位あたりでバグ数を正規化する。バグ数は規模の大小の影響を受けるが、単位規模あたりのバグ数であれば、数値の比較が可能となる。
構成する機能	バグを、構成する機能ごとに分類する。どの機能のバグ数が多いかを把握することができる。
バグ作り込み工程	摘出したバグを作り込み工程で分類する。設計・コーディングのどの工程に問題があったかを知ることができる。
バグ重要度	バグを利用者に与える重要度(致命的、重要、軽微など)で分類する。重要なバグが出ているかを把握することができる。
バグ作り込み原因	バグを作り込んだ原因で分類する。一般的な作り込み原因には、設計ミス・考慮漏れ・単純ミス・手順ミス・仕様理解不足・デグレードなどがある。作り込み原因は、分析対象ソフトウェアに応じて設定したほうがよい。
発生条件	バグを発生条件(正常系、異常系、タイミング、組合せ、限界値など)で分類する。
発生現象	バグを発生現象(結果異常、システム停止、データ破壊など)で分類する。
摘出者	バグを摘出者で分類する。意図せずバグが摘出された件数を把握できる。

　標準的なバグ傾向分析手順を事例として図 4.8 に示す。機能別の KL あたりバグ数⇒機能別の作り込み工程別バグ数⇒機能別の重要度別バグ数⇒問題個所に絞った作り込み原因別のバグ数、の手順で分析を進めることをお勧めする。
　問題箇所を絞り込むまでは、先入観をもたずに、数値は多くても少なくてもその原因を考察する姿勢が重要である。また、総合テストなどのテスト工程終盤には、KL あたりの数値だけでなく、バグ数そのもので分析する視点が重要である。筆者らの経験では、総合テストでバグが多い場合は、出荷後もバグが検出されることが多い。KL あたりバグ数だけで分析していると、数値が小さいためそれを見逃す危険性がある。特に総合テストで、致命的なバグが摘出された場合は注意が必要である。

第4章 ● データで開発途中の品質を分析する

〈IT ～ ST 工程のバグ傾向分析〉

①機能別の KL あたりバグ数（件 /KL）

	X 機能	Y 機能	Z 機能	全体
開発規模（KL）	5.10	7.70	3.60	16.40
バグ数（件 /KL）	1.57	2.60	1.11	1.95

- 全体では、1.95 件 /KL
- 機能別では、Y 機能のバグが最も多く 2.60 件 /KL、Z 機能が最も少なく 1.11 件 /KL

②機能別の作り込み工程別バグ数（件）

作り込みバグ	X 機能	Y 機能	Z 機能	全体
BDバグ	0	0	0	0
FDバグ	0	3	0	3
DDバグ	4	8	1	13
CDバグ	4	9	3	16
合計	8	20	4	32

- FD バグが 3 件摘出されている（いずれも Y 機能から摘出）。

③機能別の重要度別バグ数（件）

重要度	X 機能	Y 機能	Z 機能	全体
致命的	0	1	0	1
重要	0	2	0	2
軽微	8	17	4	29
合計	8	20	4	32

- Y 機能から、致命的なバグが 1 件、重要なバグが 2 件摘出されており、問題である。
- X 機能および Z 機能からは、致命的および重要なバグは摘出されていない。

④問題機能（Y 機能）に絞った作り込み原因別のバグ数（件）

バグの作り込み原因	BDバグ	FDバグ	DDバグ	CDバグ	合計
異常系の考慮不足		2	2	3	7
メッセージ誤り			3	3	6
他機能とのインタフェース考慮不足		1	2	2	5
既存仕様の誤解			1	1	2
合計	0	3	8	9	20

- 異常系の考慮不足によるバグは、FD バグ 2 件（③重要なバグ 2 件に該当）、DD バグ 2 件、CD バグ 3 件、合計 7 件と最も多い。
- 他機能とのインタフェース考慮不足によるバグは、FD バグ 1 件（③致命的なバグ 1 件に該当）、DD バグ 2 件、CD バグ 2 件、合計 5 件のバグを摘出した。
- FD バグが摘出されている上記 2 つの観点から、FD 仕様レビューが必要である。
- DD 仕様は、上記④の表のバグの作り込み原因 4 つの観点からレビューが必要である。
- そのうえで、上記④の表のバグの作り込み原因 4 つの観点から追加テストが必要である。

図 4.8　IT ～ ST 工程のバグ傾向分析（例）

4.6 ▶ バグ収束判定

　バグ収束判定は、テスト項目消化率に対する累積摘出バグ数の推移を数値化したバグ収束率を使用して、バグ曲線が収束しているかどうかを判断する技法である（図4.9）。バグ収束判定は、テスト終了判断時に使用する。バグ収束判定をテスト終了判断に使用する理由は、バグ曲線が収束しないままソフトウェアを顧客に出荷すると、出荷後に顧客でバグが発生することが多いという筆者らの組織としての知見に由来する。

　図4.9に示すバグ収束率 α を算出し、しきい値と比較してバグ収束を判定する。バグ収束率の算出式の分子「テスト80〜100%の傾き」とは、「テスト終盤」を意味する。また、しきい値は、各現場の過去の実績に応じて設定する。具体的には、過去のプロジェクトのバグ収束率を算出して、出荷後に客先でバグが発生したプロジェクトと発生しなかったプロジェクトに分類して観察し、しきい値を設定するのである。算出したバグ収束率 α が1.00の場合は、テスト全体の傾きとテスト80〜100%の傾きが同じであることを意味し、グラフの形状は右肩上がりの直線になる。したがって、しきい値は1.00より小さい数値になるはずである。もし、しきい値の設定がむずかしい場合は、筆者の経験から0.40をしきい値として使用することをお勧めする。

　品質会計でのバグ収束判定は、テスト工程全体を対象として判定する。品質

$$バグ収束率\,\alpha = \frac{テスト80〜100\%の傾き}{テスト全体の傾き}$$

$$傾き = \frac{テストバグ件数}{テスト項目数}$$

＜判定方法＞

$\alpha \leqq$ しきい値	収束している
$\alpha >$ しきい値	収束していない

※しきい値は、現場の実績にもとづいて設定する。

図 4.9　バグ収束判定技法

会計では、計画したテストの終了時にバグ傾向分析(**4.5節**)やバグのなぜなぜ分析(**第5章**)を実施し、弱点と思われる箇所に対して追加テストすることを推奨している。これは、テストで摘出したバグを分析すると、何らかのテストの抜けや漏れに気が付くことが多いという現場経験にもとづく。結果として、テスト80～100%の傾きは、この追加テスト段階に該当することが多い。したがって、バグ収束判定は、追加テストしてもバグが出ない状態にあることを確認することになる。

バグ収束判定の事例を図4.10に示す。バグ収束状況を観察するために、グラフを使用する場合は、横軸にテスト量を示す指標を使うことをお勧めする。横軸にカレンダー日付を使ったグラフは、バグ収束状況の観察には適さない。その理由は、必ずしも毎日一定量のテスト進捗があるとは限らないことと、週末などはプロジェクトが休みになるためである。テストをしなければバグは摘出されないので、休日がくると収束しているように見えてしまう。図4.10では、横軸に消化テスト項目数を使用している。

〈テスト工程の実績データ〉　〈消化テスト項目に対する摘出バグの推移〉

日付	消化テスト項目数(累積)	摘出バグ数(累積)
6月10日	0	0
6月17日	170	9
6月24日	270	16
7月1日	350	24
7月8日	425	29
7月15日	480	31
7月22日	500	33
7月29日	520	34
8月5日	540	34
8月12日	600	35

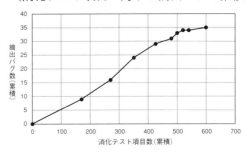

テスト全体の傾き＝35件/600項目＝0.0583
テスト80～100%の傾き＝(35－31)件/(600－480)項目＝0.0333
※テスト80%時点のテスト項目数は、600×0.8＝480項目
　よって、バグ収束率α＝0.0333/0.0583＝0.571≒0.57

しきい値を0.40とすると、0.57≧0.40
したがって、収束していない。

図4.10　バグ収束判定(例)

第4章の演習問題

問題 4.1　開発開始時のバグ目標値の設定

　下記の回帰型バグ予測モデルを使って、工程別バグ目標値を設定せよ。

＜回帰型バグ予測モデル＞

　　$B = C \cdot \alpha_1 \cdot \alpha_2 \cdot S^m$

　　B：バグ予測値

　　C：標準バグ件数　C = 11.0 とする

　　α_1：技術力（表 4.7）

　　α_2：難易度（表 4.7）

　　S：開発規模 (KL)

　　m：べき乗値（定数）　m = 0.90 とする

＜対象プロジェクトの情報＞

　　計画開発規模：25.0KL

　　技術力（α_1）：1(低い)

　　難易度（α_2）：2(ややさしい)

　　摘出工程別バグ目標比率：表 4.7

表 4.7　対象プロジェクトの情報

技術力

段階	技術力（α_1）	数値
5	高い	0.90
4	やや高い	0.95
3	平均的	1.00
2	やや低い	1.05
1	低い	1.10

難易度

段階	難易度（α_2）	数値
5	むずかしい	1.10
4	ややむずかしい	1.05
3	平均的	1.00
2	ややさしい	0.95
1	やさしい	0.90

摘出工程別バグ目標比率

摘出工程	目標比率(%)
基本設計	7
機能設計	24
詳細設計	22
コーディング	29
単体テスト	11
結合テスト	6
総合テスト	1
合計	100

第 4 章 ● データで開発途中の品質を分析する

問題 4.2　上工程品質判定表による品質分析

表 4.8 のデータを使用して、上工程品質判定表により品質を判定し、必要ならバグ目標値を再設定せよ。計画時の開発規模は 15.0KL で、現時点も同じ開発規模である。許容範囲 n% は 20% とする。

問題 4.3　バグ収束判定

表 4.9 のテスト工程データを使用して、バグ収束状況を判定せよ。なお、バグ収束率のしきい値は 0.40 とする。

表 4.8　摘出バグ数およびレビュー工数の目標と実績

	目標	実績
摘出バグ数	30	33
レビュー工数	40	38

表 4.9　消化テスト項目数と摘出バグ数の推移

日付	消化テスト項目数(累積)	摘出バグ数(累積)
4 月 12 日	0	0
4 月 19 日	250	20
4 月 26 日	520	26
5 月 10 日	660	30
5 月 17 日	725	33
5 月 24 日	800	38
5 月 31 日	850	39
6 月 7 日	890	40
6 月 14 日	930	41
6 月 21 日	1000	41

第 4 章の演習問題

問題 4.4　定量データ分析による工程終了判定

表 4.10 ～表 4.12 は、あるプロジェクトの FD 工程終盤のデータである。このデータを使用して、品質判定表および作り込み工程別バグ分析による品質分析を実施し、FD 工程の終了判定をせよ。回答には、工程終了判定結果(可・不可)およびその判定理由(工程終了が不可の場合は、今後実施すべき施策も必要)を明記せよ。なお、上工程品質判定表の許容範囲 n% は 10%とする。

＜プロジェクトの状況説明＞

- FD 工程において、3 回レビューを実施した。
- 開発開始時の予測開発規模は 13.0KL だったが、現時点で開発規模を再予測したところ、15.0KL であった。

表 4.10　FD 工程の目標と実績

機能設計工程	目標	実績
摘出バグ数(件)	20	18
レビュー工数(人時)	40	38

表 4.11　FD 工程のレビューごとの摘出バグ数(件)

	FD 設計中の摘出バグ	レビュー(1 回目)	レビュー(2 回目)	レビュー(3 回目)	合計
BD バグ	2	1	0	0	3
FD バグ	—	9	4	2	15
合計	2	10	4	2	18

表 4.12　摘出工程ごとの作り込み工程別バグ(件)

摘出工程	摘出工程別バグ		作り込み工程別バグ		
	目標	実績	BD バグ	FD バグ	DD バグ
基本設計工程	6	6	6		
機能設計工程	20	18	3	15	

129

第5章

バグのなぜなぜ分析で ホントの原因をつかむ

　バグのなぜなぜ分析は、バグを作り込んだり見逃したりした真の原因をなぜなぜ分析で突き止め、同じ原因で潜在するバグを摘出する水平展開を実施する技法である。バグのなぜなぜ分析は、簡単なようで実はむずかしい。本章では、バグのなぜなぜ分析で陥りやすい誤りや、しばしば現場が判断に迷う事例を取り上げて、実践的に解説する。本章で説明する技法は、ソフトウェア品質会計[14]の「バグ分析と 1＋n 施策」にもとづく。

5.1 ▶ バグのなぜなぜ分析とは

　バグのなぜなぜ分析は、「トヨタ式なぜを5回」[23]をソフトウェア開発へ応用したものである。バグのなぜなぜ分析の目的は、主に「バグの水平展開」と「プロセス改善」の2つである。バグの水平展開とは、対象ソフトウェアのさらなるバグ摘出を目的に、バグのなぜなぜ分析で判明した原因にもとづくテストやレビューを実施することである。プロセス改善とは、今後の未然防止を目的に、バグのなぜなぜ分析で判明した原因が発生しないようプロセスを変更することである。本章では、このうち前者のバグの水平展開を目的としたなぜなぜ分析を解説する。

（1）　バグのなぜなぜ分析がむずかしい理由

　バグのなぜなぜ分析に取り組んだ経験があれば、なぜなぜ分析はむずかしいという印象をもっていると思う。その理由の一つは、なぜなぜの終了判断がむずかしいことにある。真の原因の分析なので、最後の究極の原因1つにたどり着くことを目指すのだが、途中でなぜなぜの答えを導けなくなったり、なぜなぜがエンドレスになったりして、どこで終わるのかわからなくなるのである。現実には、真の原因は1つではなく複数であるほうが多い。この事実をまず理解する必要がある。

　また、なぜなぜ分析の目的がぶれやすいことも難しさの原因であろう。なぜなぜ分析をしていると、バグの水平展開とプロセス改善という2つの目的がしばしば入り混じってしまう。なぜなぜ分析を実施する目的によって、真の原因は異なる。バグの水平展開を目的としたときの真の原因と、プロセス改善を目的としたときの真の原因は違うのだ。なぜなぜ分析の終了判断は、目的を明確に意識すれば判断できるようになる。目的を意識することが、なぜなぜ分析を実施するうえで非常に重要である。

5.1 ● バグのなぜなぜ分析とは

(2)　本書で解説するバグのなぜなぜ分析の位置付け

　本書で解説するバグのなぜなぜ分析は、ウォーターフォールモデルの各工程で摘出した重大バグを対象として実施することを想定する。特に、出荷判定を間近に控えた開発終盤に発生した重大バグに対するバグのなぜなぜ分析は重要である。ウォーターフォールモデルの開発では、きちんとした開発作業と工程審査を積み重ねていけば、自ずと潜在するバグの少ないソフトウェアが開発できるはずである。それでも積み重ねた作業のどこかに漏れがあり、バグが残存してしまうことがある。本書では、その残存バグを摘出するための分析評価技法として、バグのなぜなぜ分析を位置付ける。本書で解説するバグのなぜなぜ分析技法は、ソフトウェア品質会計の「バグ分析と 1 ＋ n 施策」[14]である。

(3)　バグ分析と 1 ＋ n 施策の特徴

　「バグ分析と 1 ＋ n 施策」とは、バグ 1 件ごとの真の原因を分析することにより、開発上の細かい抜け漏れを発見し、その抜け漏れに対して、集中的にレビューやテストを実施することにより残存するバグを摘出する分析評価技法である（図 5.1）。1 ＋ n という名称は、1 件のバグを分析した結果にもとづいて n 件の同種バグを摘出することから名付けられた。同種バグとは、分析対象バグを作り込んだ真の原因、およびテストやレビューで見逃した真の原因と同じ原因によって、作り込まれたまたは見逃されたバグをいう。「バグ分析と 1 ＋ n 施策」の特徴の一つは、対象の設計仕様書、テスト仕様書、レビュー記録票を確認することを推奨している点である。なぜなぜ分析は、しばしば思い込みや推測に引きずられてしまい、事実と異なる真の原因にたどり着いてしまう。誤った分析をしないようにするには、事実の確認が必要である。

　バグのなぜなぜ分析は、バグ 1 件を分析するのに時間がかかるため、分析対象バグが多い場合は非効率である。そのような場合は、まずバグ傾向分析（4.5節）により系統的な抜け漏れの品質向上施策を実施する。その後、最後に残った 2 ～ 3 件の重大バグに対してバグ分析と 1 ＋ n 施策を実施して、細かい抜け

133

第5章●バグのなぜなぜ分析でホントの原因をつかむ

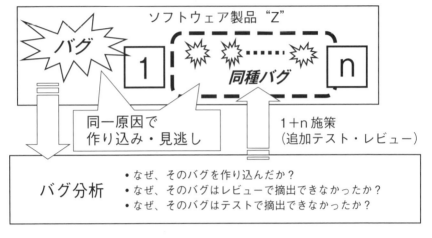

図5.1　バグ分析と1＋n施策

漏れの品質向上施策を実施するという手順を推奨する。本技法は、ソフトウェア開発のさまざまな場面で適用可能だが、本書では特にウォーターフォールモデルの各工程で摘出した重大バグに対する適用を想定して解説する。

5.2 ▶ バグ分析と1＋n施策の進め方

バグ分析と1＋n施策の進め方を図5.2に示す。本節では、図5.2に示した個々の活動の概要について説明する。

（1）　直接原因の特定

問題事象（Failure）を引き起こした原因（Fault）、すなわちバグを特定した後から、バグ分析と1＋n施策が始まる（FailureとFaultについては、1.3節(3)を参照）。バグを作り込んだ直接的な原因を直接原因という。直接原因は、実際に誤ったコード箇所とその事象の説明から構成される。

134

5.2 ●バグ分析と 1 ＋ n 施策の進め方

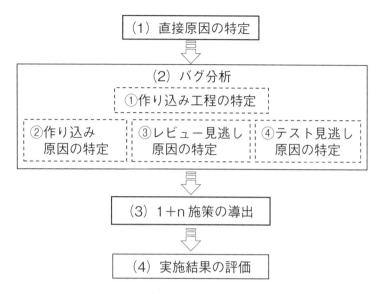

図 5.2　バグ分析と 1 ＋ n 施策の進め方

（2）　バグ分析

① 作り込み工程の特定

　作り込み工程とは、そのバグを作り込む原因となった、誤った設計をした工程をいう（1.4 節（6））。バグの作り込み工程の特定手順を図 5.3 に示す。実施した最初の工程から順に、設計仕様書を確認し、直接原因がどのように設計されているかを確認する。正しく設計されている場合は、次の設計工程の設計仕様書の設計内容を同様に確認していく。誤って設計した工程が特定できたら、それが作り込み工程である。

　また簡易な方法として、直接原因が外部仕様か内部仕様かによって作り込み工程を判断することもできる。本書で想定する開発プロセス（図 1.5）では、直接原因が外部仕様であれば基本設計（BD）または機能設計（FD）工程が作り込み工程である。また、内部仕様であれば詳細設計（DD）工程が作り込み工程である。この想定にもとづき、該当する設計仕様書の記載内容を確認して、具体的な作

135

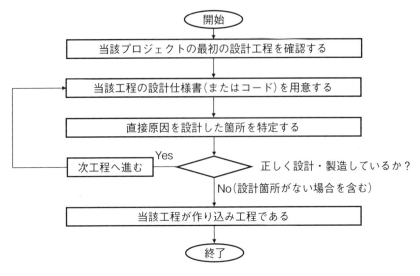

図 5.3　作り込み工程の特定手順

り込み工程を特定してもよい。設計仕様書に直接原因に関する記載がない場合は、直接原因が外部仕様か内部仕様かで判断する。それでも特定が困難な場合は、次の活動である作り込み原因の特定と合わせて作り込み工程を判定する。

② 作り込み原因の特定

そのバグを誤って設計してしまった原因を作り込み原因という。作り込み原因の特定では、**図5.4**に示すなぜなぜ分析手順、および**表5.1**に示す1+n施策の有効性判断ポイントを使用する。なお、このなぜなぜ分析手順は、後述する③レビュー見逃し原因の特定および④テスト見逃し原因の特定でも使用する。

重要なポイントは、実際に作り込み工程の設計仕様書の該当ページを開いて、設計内容を確認することである。実物を確認することで、思い込みや推測による誤ったなぜなぜ分析を防止することができる。①作り込み工程の特定で、誤った設計をしていることは確認済みなので、なぜなぜ分析の1つ目の質問は、「なぜその直接原因を設計したか？」である。その質問から"なぜ"を繰り返す。その際、そのバグを誤って設計した理由にたどり着くことを意識する。こうし

5.2 ● バグ分析と 1 + n 施策の進め方

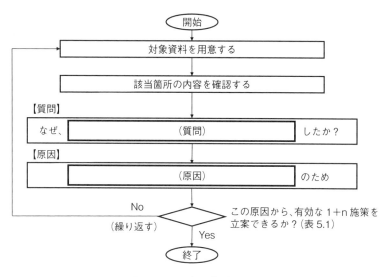

図 5.4　なぜなぜ分析手順

表 5.1　1 + n 施策の有効性判断ポイント

No	有効性の判断ポイント	有効な 1 + n 施策にならない原因の例
1	立案する 1 + n 施策内容は、具体的かつ建設的か	原因が「○○不十分」、「△△不足」のように、程度を特定できない表現になっている。
2	立案する 1 + n 施策の実施範囲を特定できるか	実施範囲が「プロジェクト全体」のように、広くなってしまい、範囲を特定できない。

たら良かったというプロセス改善の議論は目的ではない。また、誤って設計した理由は 1 つとは限らず、複数であることが多いことを念頭に置くとよい。たとえば、技術要因と進め方要因の誤りが重なるといったことはしばしば起こる。その場合は、技術要因のなぜなぜ分析と、進め方要因のなぜなぜ分析を分けて実施する。参考までに、**表 5.2** に、技術要因と進め方要因別の、よくある作り込み原因と見逃し原因の候補一覧を示す。表 5.2 を眺めながら、まず該当する要因を洗い出し、その要因ごとに図 5.4 に示すなぜなぜ分析手順を実施するこ

第5章 ● バグのなぜなぜ分析でホントの原因をつかむ

表5.2 作り込み原因と見逃し原因の候補一覧

	技術要因	進め方要因
作り込み原因	① 技術調査不足 ② 設計・プログラミング技術不十分 ③ 設計・コーディングノウハウ不足 ④ 入力資料のミス ⑤ 設計仕様書の記載不十分・誤り	① 必要な開発工程を省略 ② 標準・ルールに則っていない ③ 担当者間の連携・引継ぎミス ④ 関係部門間との調整不十分 ⑤ 開発計画が不十分
レビュー見逃し原因	① レビューチェック観点漏れ ② レビューアの問題 ③ レビュー技術の問題 ④ レビュー不足	① レビューをしていない・未完了 ② レビュー実施方法に問題 ③ 指摘事項の修正漏れ・誤り ④ レビュー計画が不十分
テスト見逃し原因	① テスト項目に挙がってない ② テスト項目の誤り（データや環境を含む） ③ 期待するテスト結果の誤り ④ テスト結果確認方法の誤り	① テスト項目の実施漏れ ② テスト項目実施方法に問題 ③ 担当者間の連携・引継ぎミス ④ テスト計画が不十分

とを推奨する。

　なぜを繰り返し、得た原因から有効な1+n施策が導出できると判断した段階で分析を終了する。有効な1+n施策を導出できる原因を真の原因と呼ぶ。「有効な1+n施策」の判断基準は表5.1に示すとおり、施策内容が具体的かつ建設的であるとともに、施策実施の範囲を特定できるものをいう。たとえば、「設計の入力となった資料が古かったため、誤りに気が付かなかった。最新の資料で確認すれば気が付いたはずだ」という原因であれば、「古い資料を使って作業した範囲に対して、最新の資料で確認する」という具体的な1+n施策が特定できる。これに対して、「○○不十分」といった程度が具体的でない原因からは、「十分に○○する」のように、「十分」が具体的に何をすることなのか特定できないため、真の作り込み原因とはいえない。

　また、組織全体にかかわる原因も真の原因とはいえないことが多い。組織全体にかかわる原因には「体制」や「教育」などがある。組織全体にかかわる原因への対応は、組織のプロセス改善には有効だが、個々のバグの水平展開には、1+n施策の実施範囲を特定できないため不適である。これらが作り込み原因の場合は、問題部分を具体的に絞り込んで特定する必要がある。

③ レビュー見逃し原因の特定

　レビュー見逃し原因とは、作り込み工程のレビューでそのバグを見逃した原因をいう。レビューは、設計の誤りを摘出するために実施するのだから、その責任を全うできなかった理由を分析し、特定する。

　レビュー見逃し原因分析の1つ目の質問の特定手順を**図5.5**に示す。レビュー記録票を参照し、バグの直接原因を指摘しているかを確認する。指摘している場合とそうでない場合に分けて、なぜなぜ分析の1つ目の質問を特定する。1つ目の質問を特定して、図5.4に示すなぜなぜ分析を実施し、その原因から有効な1＋n施策が導出できると判断した段階で分析を終了する。

④ テスト見逃し原因の特定

　テスト見逃し原因とは、そのバグを開発終盤まで摘出できなかった原因をいう。テスト見逃し原因分析の1つ目の質問の特定手順を**図5.6**に示す。V字モデルでバグの作り込み工程に対応するテスト工程のテスト仕様書を確認し、そのバグを摘出できるテスト項目の有無を確認する。そのテスト項目がある場合

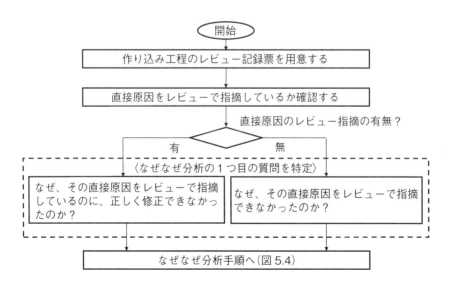

図5.5　レビュー見逃し原因分析の1つ目の質問の特定手順

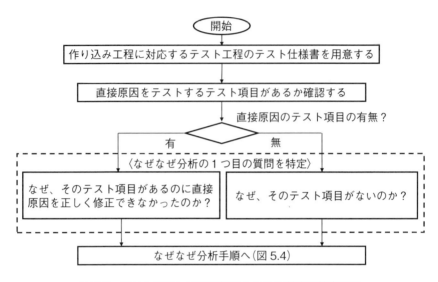

図 5.6　テスト見逃し原因分析の 1 つ目の質問の特定手順

とない場合に分けて、なぜなぜ分析の 1 つ目の質問を特定する。1 つ目の質問を特定したら、図 5.4 に示すなぜなぜ分析を実施し、その原因から有効な 1＋n 施策が導出できると判断した段階で分析を終了する。

（3）　1＋n 施策の導出

(2)で特定した作り込み、レビュー見逃し、テスト見逃しのそれぞれの真の原因にもとづき、同種バグを摘出するための 1＋n 施策を導出する。分析の段階で、具体的かつ建設的な原因にたどり着いているはずなので、基本はその原因の裏返しがそのまま 1＋n 施策となる。n の数値は摘出バグ目標値の意味であり、特定した真の原因の影響度を考慮して設定する。各 1＋n 施策は、実施すべきテスト項目数やレビュー箇所などを計画して、実施する。

（4）　実施結果の評価

最後に、1＋n 施策を実施した結果を分析し、評価する。1＋n 施策で摘出し

たバグが同種バグの場合は、ねらったバグを摘出できたことを意味する。同種バグ以外が摘出されている場合は、次の3つの観点から再検証することが必要である。

- バグ分析は妥当だったか。
- バグ分析結果にもとづいて施策が導きだされているか。
- 妥当な理由なく施策の対象範囲や内容を絞っていないか。

再検証の結果、問題ありと判断した場合には、再度バグ分析を行い、1＋n施策を実施する。実施結果を評価するために関係者が集まり、課題がなくなったと判断した時点で終了する。

5.3▶バグ分析と1＋n施策の適用事例

本節では、実際にバグ分析と1＋n施策を実施した事例を紹介する。

あるシステムのログイン画面において、ユーザーがログインIDとパスワードを入力する。その際、パスワードの入力を誤った場合でもログインできてしまうという事象が発生した。

（1） 直接原因の特定

パスワードのチェックは、ログインIDとパスワードを管理する共通ライブラリのAPIを利用して実施したが、エラーが発生した場合のAPIからの戻り値を誤ってチェックした。具体的にはAPI仕様ではエラーの場合は−1を返すが、実際には0を返した場合にエラーとしていた。これが直接原因であると特定することができた。

```
If(ChkPassWD(id, passwd)== 0) then {
        /* エラー処理 */
        return;
}
```

第5章 ● バグのなぜなぜ分析でホントの原因をつかむ

> **column**
>
> ### バグを憎んで人を憎まず
>
> バグ分析は裁判ではない。バグ分析を始めると、バグを作り込んだ要員に対する責任追及のようになってしまうことがある。そうなると、真実を話しにくくなり、その結果、真の原因にたどり着く可能性が低くなる。そうならないため、個人を責めるようなスタンスで検討を進めてはならない。事実を淡々と確認し、実際に設計で誤った記載があったのか、レビューで指摘しているか、そもそもテスト項目として挙がっていたのかという観点から分析を進めるべきである。バグ分析を始めるに際し、リーダーは、個人を責める場でないこと、成果物の品質を高める場であることを参加者全員に徹底することが重要である。

（2） バグ分析

① 作り込み工程の特定

　直接原因は、API 仕様に関する内容で内部仕様であるため、詳細設計仕様書を確認する。詳細設計書において、「ログイン ID とパスワードの組合せがエラーの場合には API は 0 を返す」と記載されていた。しかし、「API は −1 を返す」と記載することが正しく、詳細設計書の記載内容は誤りであるため、作り込み工程は「詳細設計工程」と判断する。

② 作り込み原因の特定

- <なぜ①>なぜ「API は −1 を返す」と設計すべきところを「API は 0 を返す」と誤ったか。

　⇒詳細設計時に設計者がライブラリ API 仕様書を参照せず、勝手な思い込みからエラー値を 0 として設計してしまった。

　したがって、バグの作り込み原因は、「詳細設計時に設計者が API 仕様書を参照しなかったため」である。

142

5.3 ●バグ分析と 1 ＋ n 施策の適用事例

③　レビュー見逃し原因の特定

　レビュー記録票を確認すると、直接原因の摘出につながる「API 仕様書に
もとづいてリターン値を確認すること」という指摘を受けている。したがって、
レビュー見逃し原因のなぜなぜ分析の 1 つ目の質問は以下となる。

- なぜ、API 仕様書にもとづいてリターン値を確認するように指摘され
ているのに、正しく修正できなかったのか。

　⇒指摘されたにもかかわらず、設計者は API 仕様書を確認しなかった。
レビュー指摘事項の修正確認においても、宿題事項の実施を確認しな
かったので、気が付かなかった。

　したがって、レビュー見逃し原因は、「レビュー指摘事項の修正確認で、宿
題事項を確認しなかったため」である。

④　テスト見逃し原因の特定

　テスト仕様書を確認すると、ログイン時に誤ったパスワード入力をするテス
ト項目は存在していた。したがって、テスト見逃し原因のなぜなぜ分析の 1 つ
目の質問は以下となる。

- なぜ、そのテスト項目があるのに直接原因を正しく修正できなかったの
か。

　⇒テスト仕様書には、テスト項目はあったものの、想定するテスト結果が
未記載だったため、テスト実施者はログインできたら成功と解釈してし
まった。

　したがって、テスト見逃し原因は、「テスト仕様書に、想定するテスト結果
が未記載だったため」である。

（3）　1＋n 施策の導出と実施結果の評価

　これまでの分析結果から導出した 1 ＋ n 施策とその結果を**表 5.3** に記載する。
ねらったバグが摘出されているため、「バグ分析と 1 ＋ n 施策」活動は終了した。

143

第5章 ● バグのなぜなぜ分析でホントの原因をつかむ

表 5.3　1＋n 施策とその実施結果（例）

	1＋n 施策	結果
作り込み原因	設計時に API 仕様書にもとづいて設計しているかを確認し、確認できなかった場合には API 利用に対する設計が正しいかどうかを確認する。	API 仕様書の参照が不十分な箇所を 4 か所確認。API が返すエラー値の解釈が誤っている箇所を 2 件摘出した。
レビュー見逃し原因	すべてのレビューで宿題事項の実施確認をしているか確認する。	1 件の確認漏れを摘出。当該要確認事項については問題ないことを確認した。
テスト見逃し原因	テスト仕様書に、想定するテスト結果が未記載のテスト項目を洗い出し、再テストする。	未記載が 1 件、確認方法が曖昧な項目を 3 件摘出した。これら 4 件について、結果の確認方法を改善し、再テストを実施した。結果の確認方法が誤っていたために摘出できなかったバグを 1 件摘出した。

5.4 ▶ 的確にバグ分析をするコツ

　あるバグ事例にもとづき、的確にバグ分析をするコツを説明する。この事例によって、バグの作り込み工程、作り込み原因およびレビューやテストの見逃し原因は、非常に多岐にわたる可能性があることを理解していただけると思う。逆に言えば、現物確認を怠ったり、目的を意識しなかったりといったバグのなぜなぜ分析のポイントを外したバグ分析を進めると、簡単に真の原因以外の原因に迷い込んでしまうということである。

【バグ事例の説明】

　あるクラウド環境において、ユーザーからのログインデータを解析し、ユーザーごとにカスタムページを表示するようなシステムを想定する（図 5.7）。このシステムでは、連休明けなど、ユーザーからのログインが集中するケースが存在する。

　バッファ A は入力データを一時的に溜めておく領域である。このシステムにおいて、データ解析エンジンが運用中に異常終了する事象が発生した。バッ

144

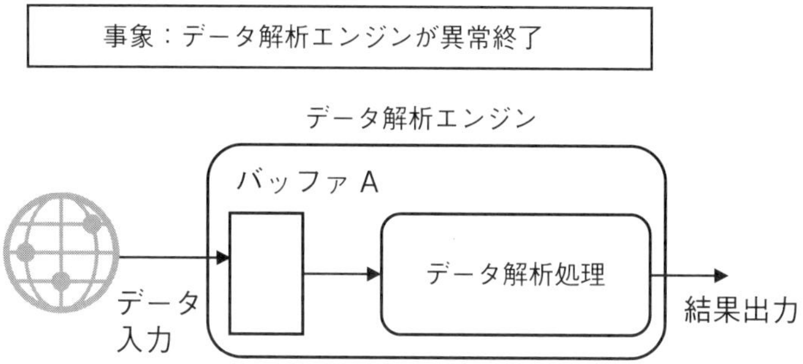

5.4 ●的確にバグ分析をするコツ

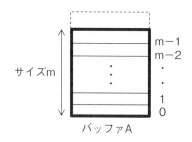

図5.7 バグ事例

図5.8 バグの直接原因

ファAの領域外にデータを格納しようとしたため、データ領域を破壊し、異常終了に至ったことが直接原因である(**図5.8**)。

(1) バグ分析

① 作り込み工程と作り込み原因の特定

　最初のステップとして、バグの作り込み工程と作り込み原因を特定する。バッファのデータ格納に関する処理は内部仕様のため、単純には詳細設計(DD)工程が作り込み工程となる。しかし、DD仕様書の記載状況によって、コーディング(CD)工程や機能設計(FD)工程が作り込み工程の場合もある(**表5.4**)。表5.4は、本事例で考えられる作り込み工程と作り込み原因を列挙している。

第 5 章 ● バグのなぜなぜ分析でホントの原因をつかむ

表 5.4　設計仕様書の記載状況に対するさまざまな作り込み工程と作り込み原因

ケース	DD 仕様書の記載	作り込み工程	作り込み原因（考えられるものを列挙）
1	バッファの領域外アクセスの記載があり、その異常系処理が記載されている。	CD	① DD 仕様書を未参照で異常系処理の必要性を認識できなかった。 ② DD 仕様書の解釈を誤った。 （例：格納時の範囲チェックは前処理で実施済と解釈してしまった） ③言語スキルが不足していた。 （例：配列の添え字の解釈を誤った　[0]〜[m−1] ⇒[1]〜[m]） ④範囲チェック後のエラー処理フローを誤った。 ⑤誤った DD 仕様書を参照した。 （例：旧版の DD 仕様書を参照した）
2	バッファの領域外アクセスに関する記載はない。	DD	①設計知識不足 （例：配列の領域外アクセスに対する異常系設計の知識がなかった） ② FD 仕様書（前工程の設計書）未参照 （例：FD 仕様書に記載している異常系処理の見落とし） ③サイズチェックは別のモジュールで実施していると解釈 ④サイズチェックといった細かい仕様は DD 仕様書に記載不要と解釈 ⑤記載必要と思っていたが、つい記載を漏らした。
3	運用上、データがバッファサイズを超えることはないため、バッファの領域外アクセス時の異常系処理は不要と記載されている。	FD または DD	①最大通信量の計算誤り、想定ピーク時のデータ量や蓄積要因の誤り ②データ解析処理時間の誤り ③通信環境の想定誤り（回線速度など） ④流量制御を実施していた場合のロジック誤り

次に、表 5.4 のそれぞれのケースについて考えていく。

ケース 1 は、DD 仕様書にバッファの領域外アクセスが記載されているため、DD 工程までは正しく設計されており、CD 工程でバグが作り込まれた事例である。コーディング実施者は、DD 仕様書に仕様が記載されていたにもかかわらず、コーディングしていなかったので、その原因を作り込み原因のバグ分析で突き止める。

ケース 2 は、DD 仕様書にバッファの領域外アクセスの記載はないため、作り込み工程は DD 工程の可能性が高い。FD 仕様書を参照し、入力データに関する設計内容を確認する。FD 仕様書は正しく、その設計内容を受けて DD 仕様書で正しく内部設計できていない場合、作り込み工程は DD 工程と判断する。DD 工程で設計を誤った原因を、作り込み原因の分析で突き止める。

ケース3は、DD仕様書に、運用上、通信量にかかわらずバッファサイズを超えないように設計しているためバッファの領域外アクセス時の異常系処理は不要と記載していた事例である。この場合、バッファサイズmを見積もる工程が作り込み工程であり、詳細設計工程もしくは機能設計工程と判断するのが妥当なケースである。

② レビュー見逃し原因の特定

作り込み工程のレビュー対象物に対するバグ見逃し原因を特定する。レビュー見逃し原因は、作り込み工程によらず、表5.5に示すようなものが考えられる。

③ テスト見逃し原因の特定

次にテスト見逃し原因を特定する。テスト見逃し原因は、ケースによって異なる(表5.6)。ケース1は、バグ分析の出発点になる原因が列挙してあるので、出発点からなぜを繰り返し、有効な1+n施策が導出できると判断した段階で分析を終了する。

ケース2は、対象の設計仕様書(この場合はDD仕様書)に記載がないため、DD仕様書を参照するだけではこのテスト項目は挙がらない。しかし、テスト

表5.5 作り込み工程に対するさまざまなレビュー見逃し原因

ケース	DD仕様書の記載	作り込み工程	レビュー見逃し原因(考えられるものを列挙)
1	バッファの領域外アクセスの記載があり、その異常系処理が記載されている。	CD	<レビューで指摘していた場合> ①レビューで指摘されたが、その指摘事項の修正漏れや修正誤り <レビューで指摘していない場合> ②レビュー時の前工程仕様書の入力文書の漏れや版数誤り ③言語知識や設計知識の観点からバグを指摘できる参加者が不在 (例:領域外アクセスやNULLアクセスに対する異常系設計、配列の添え字、例外処理の実装、データ通信量や性能) ④レビューチェックリストの観点漏れ、チェックリスト未使用 ⑤必要な再レビュー未実施 ⑥設計量相当のレビュー時間がかけられていない。 ⑦1回のレビューでの指摘事項が多く、レビューの質が低下
2	バッファの領域外アクセスに関する記載はない。	DD	
3	運用上、データがバッファサイズを超えることはないため、バッファの領域外アクセス時の異常系処理は不要と記載されている。	FDまたはDD	

第5章●バグのなぜなぜ分析でホントの原因をつかむ

表5.6 作り込み工程に対するさまざまなテスト見逃し原因

ケース	DD仕様書の記載	作り込み工程	テスト見逃し原因（考えられるものを列挙）
1	バッファの領域外アクセスの記載があり、その異常系処理が記載されている。	CD	〈テスト項目がなかった場合〉 ①テスト項目の作成漏れ 　※入力文書、観点のどこに問題があったかを明らかにする。 ②テスト項目のレビュー未実施 〈テスト項目があった場合〉 ③テスト項目は作成したが未実施 ④テスト項目は作成したが、環境やテストデータの誤り ⑤テスト結果またはテスト結果の確認方法の誤り 　※テスト仕様書または確認者のどちらの問題かを明らかにする。
2	バッファの領域外アクセスに関する記載はない。	DD	DD仕様書にバッファ領域外アクセスの記載がないため、DD仕様書からテスト項目を設計する過程では、当該バグを摘出できるテスト項目の作成はむずかしい。 ただし、バッファサイズmに着目した同値分割により単体テスト項目を作成していれば、当該バグを摘出できた可能性はある。
3	運用上、データがバッファサイズを超えることはないため、バッファの領域外アクセス時の異常系処理は不要と記載されている。	FDまたはDD	テストでバグを摘出するためには大量のデータ通信が発生する環境が必要となるため、テストでの摘出は難易度が高い。 ただし、負荷テストで想定以上の通信量の負荷をかけるテスト項目があれば摘出できる可能性はある。

技術を身に付けている技術者であれば（この事例では同値分割）、テスト項目を設計できるはずである。同値分割とは、同じ振る舞いをする入力や出力の値の範囲を同値クラスとしてまとめて、同値クラスの代表値をテストする方法である[4]。同値分割は、テスト技術としては当たり前レベルの技術であるため、むしろ同値分割をしていないことを問題視すべきであろう。

　ケース3は、負荷テストを設計していれば摘出できる可能性が高い。負荷テストそのものを実施しているかどうかから確認すべきである。

（2）　分析結果

　以上の分析の結果、ケース1～3の作り込み原因、レビュー見逃し原因およびテスト見逃し原因をまとめた結果を参考までに一覧で示す（表5.7）。

表5.7　ケースごとの真の原因一覧(例)

ケース	作り込み工程	作り込み原因	レビュー見逃し原因	テスト見逃し原因
1	CD	誤った版のDD仕様書を入力としてコーディングを実施した。	CDレビューで指摘できていたが、修正漏れ。レビュー記録票の発行が遅れたため修正確認が漏れた。	DD仕様書未参照でテスト項目を作成し、テスト項目として抽出できなかった。
2	DD	DD仕様書には、バッファの領域外アクセスに関する記載はないため、バッファサイズのチェックは別モジュールで実施していると解釈し、mのチェックは割愛した。	DD仕様書レビュー時、多くのバグが指摘されたため、レビュー責任者は、レビュー結果反映後に「再レビュー要」と判断してレビュー記録票に残したが、再レビューが実施されなかった。	DD仕様書にバッファ領域外アクセスの記載がないため、DD仕様書からテスト項目を設計する過程では、当該バグを摘出できるテスト項目の作成はむずかしい。ただし、バッファサイズmに着目した同値分割により単体テスト項目を作成していれば、当該バグを摘出できた可能性はある。
3	FD	回線速度の想定に誤りがあり、バッファサイズの見積りを誤った。	回線速度が遅い環境においてバッファにデータが蓄積されるケースを想定できるレビューアが不参加だった。	テストでバグを摘出するためには大量のデータ通信が発生する環境が必要となるため、テストでの摘出は難易度が高い。ただし、負荷テストで想定以上の通信量の負荷をかけるテスト項目があれば摘出できる可能性はある。

5.5 ▶ バグ分析で陥りやすい誤り

(1)　陥りやすい誤りと確認方法

　本節ではバグ分析の過程において、陥りやすい誤りを説明する。表5.8にバグ分析で陥りやすい誤りとそれを防ぐための確認方法を示す。

(2)　バグ分析の誤り事例

　バグ分析の誤り事例を、的確な分析結果とともに示す。

①　作り込み原因がレビュー原因にすり替わっている

　表5.9左欄の誤った「なぜなぜ」を見ると、作り込み原因のなぜなぜの答えが、「カテゴリ追加時に、設計レビューを実施していなかったため」と、レ

第5章 ● バグのなぜなぜ分析でホントの原因をつかむ

表5.8　バグ分析で陥りやすい誤りと確認方法

誤り	確認方法
作り込み原因と見逃し原因を混在して分析	バグ分析全体に対して以下を確認する。 ・作り込みと見逃しの3つの観点から分析しているか。 ・3つの分析観点が途中ですり替わってないか。 ・担当者不在で安易に分析を止めていないか。 ・設計で漏れたのでレビューやテストでは摘出できないとあきらめていないか。
作り込み工程がコーディング	すべてのバグはプログラムを修正するので、安易に作り込み工程をコーディングと考えてしまうことがある。作り込み工程がコーディングの場合は、設計に問題がなかったかを確認する。
原因の掘り下げになっていない	なぜを繰り返す過程で、以下のようになっていないかを確認する。 ・単なる詳細説明になってないか。 ・言い替えになっていないか。 ・技術論に終始していないか。
真の原因にたどりついていない	最終原因に対し以下を確認する。真の原因にたどり着いていない場合、1＋n施策が必要以上に広範囲になる可能性が高い。 ・浅いままで止まってないか。 （例：「……不足」や「思い込み」） ・当たり前レベルでの原因で止まってないか。 ・抽象度が上がりすぎ問題点がぼやけてないか。 ・チェックリストにないことを見逃し原因としてないか。 ・他社製品に関する技術情報不足や、新規技術であることを原因としてないか。

ビューの問題にすり替わっている。「なぜメッセージIDを重複する設計をしたか」に対する設計時の問題を分析する必要がある。

　表5.9のレビュー見逃し原因では、「担当者がプロジェクトを離脱したため、分析不可」とある。担当者不在の場合、作り込み時の背景が不明となり、バグ分析がむずかしい場合がある。このような場合は、右欄の的確ななぜなぜのように、単純に分析不可とせず、設計仕様書、その改版記録、レビュー記録票やテスト記録票などのドキュメントから分析を試みる。

② 原因の抽象度が上がりすぎ、問題点がぼやける

　表5.10左欄の誤った「なぜなぜ」では、「C言語のスキル不足」とある。ここで分析を終了してはならない。スキル不足という原因では、具体的な1＋n

5.5 ●バグ分析で陥りやすい誤り

表5.9　バグ分析誤り事例①

発生事象	監視メッセージにおいて、異なる事象に対して同じメッセージが出力された。	
直接原因	監視メッセージのカテゴリを追加した際に、メッセージ ID の重複が発生した。	
作り込み原因のなぜなぜ	なぜ、監視メッセージのカテゴリを追加した際に、誤ってメッセージ ID を重複する設計をしたか。	
	誤った「なぜなぜ」	的確な「なぜなぜ」
	⇒カテゴリ追加時に、設計レビューを実施していなかったため	⇒カテゴリ追加時に、旧版の仕様書を参照してしまい、その版では当該 ID は未使用となっていたため、既に利用されている ID を割り当ててしまった。
レビュー見逃し原因のなぜなぜ	なぜ、メッセージ ID が重複することを指摘できなかったか。	
	⇒担当者がプロジェクトを離脱したため、分析不可	⇒レビュー記録票を確認したところ、バグを作り込んだレビューにおいて、当該機能の詳細を知るメンバーがレビューに参加できていなかった（レビュー記録票から見逃し原因の掘り下げを試みた事例）。

表5.10　バグ分析誤り事例②

直接原因	監視メッセージのカテゴリを追加した際に、メッセージ ID の重複が発生した。	
作り込み原因のなぜなぜ	リソースの開放が行われなかった。	
	誤った「なぜなぜ」	的確な「なぜなぜ」
	⇒Ｃ言語のスキル不足	⇒特定の C 言語 API を利用するとライブラリ内でメモリ確保を行うことが明記され、利用側で確保した領域を解放する必要があるが、その必要性を認識できていなかった。

施策を作成できない。このままでは、「他にＣ言語のスキル不足によるバグ作り込みはなかったか」という施策になり、施策内容が漠然としてしまう。さらに、1＋n 施策の実施範囲がＣ言語のプログラム全体となり非常に広範囲になる。バグ発生条件の設計内容と言語特性の関係から分析を進め、Ｃ言語のどのようなスキルが不足しているのかを分析すると、具体的な問題点や範囲の絞り込みが可能となり、有効な施策立案に結び付けることができる。

③　原因の掘り下げが言い換えに過ぎない

表5.11 左欄の誤った「なぜなぜ」は、なぜ①となぜ②の回答が同じで、単

第 5 章 ● バグのなぜなぜ分析でホントの原因をつかむ

表 5.11 バグ分析誤り事例③

直接原因	特定のフィールドに数値が入力された場合、ソート結果が不正になる。	
作り込み 原因の なぜなぜ	なぜ① なぜ、ソート結果が不正になるのか。	
	⇒文字列型の項目であっても、数値が入力された場合に数値としてソートする必要性を見落としていた。	
	なぜ② なぜ、数値としてソートする必要性を見落としたのか。	
	誤った「なぜなぜ」	的確な「なぜなぜ」
	⇒どのような場合でも項目の属性どおりに文字列型として処理していた。	⇒詳細設計書に入力値に数値は入らないと記載されていたため、ソート対象として数値を除外していた。

なる言い換えに過ぎない。なぜ②では、「数値としてソートする必要性」を問うているにもかかわらず、回答はそれに的確に答えていない。なぜの問いを厳密に理解することが、的確ななぜなぜ分析につながる。

④ 原因の掘り下げが浅いままで終わっている

表 5.12 左欄の誤った「なぜなぜ」は、詳細設計とコーディングを一緒に行う方法を問題として回答している。この段階でなぜなぜ分析を終了すると、1＋n 施策の範囲が、プロジェクト全体に及んでしまい、施策内容も不明となってしまう。このように、原因の掘り下げが浅いままで終了すると、対策が広範囲となり施策内容がぼやける。なぜなぜ分析の終了判断は、たどり着いた原因から具体的で範囲が特定できる 1＋n 施策が策定できるかを考えてみる。このケースでは、詳細設計で何を設計すべきだったかを明確にし、そのあるべき姿と照合して不足した活動を具体化すると、的確な回答にたどり着きやすく

表 5.12 バグ分析誤り事例④

直接原因	特定の機能において、誤ったエラーログを出力した。	
作り込み 原因の なぜなぜ	なぜ、誤ったエラーログが出力されたのか。	
	誤った「なぜなぜ」	的確な「なぜなぜ」
	⇒詳細設計工程とコーディング工程を一緒に行う方法で開発を行っており、結果として詳細設計不足となってしまっていた。	⇒コーディングと並行して詳細設計を実施したため、2 つのモジュールで異常値に対する設計に矛盾が発生した。

152

5.5 ● バグ分析で陥りやすい誤り

なる。このように、あるべき姿に照らしてなぜできなかったのかを掘り下げる
方法も有効である。

⑤　チェック項目がなかったことが見逃し原因となっている

　表5.13左欄の誤った「なぜなぜ」のなぜ②では、「半角カナ文字において
SJIS/EUC-JPで同一コードとなる文字が入力された場合の処理が正しいかを
確認する」というチェック観点がなかったことを原因として回答している。

　このように、チェックリストにチェック項目がなかったことを真の原因とす
るなぜなぜ分析事例は多い。チェック項目がないという原因にたどり着いたと
きには、なぜなぜ分析全体を振り返って本当に的確な分析になっているかを確
認したほうがよい。その理由は、チェック項目がないことを原因とすると、結
果としてチェック項目が膨大な量になり、逆に使いにくくなって、チェックリ
ストとしての機能を果たせなくなった事例が多いからである。チェック項目は
汎用的な表現にするべきで、表5.13のなぜ②の誤った「なぜなぜ」のような
固有な表現のチェック項目は、他のケースにはチェック項目として役に立たな
い。それより、具体的なレビューの場面を思い浮かべて、どのようなレビュー
が必要だったかを考えながら分析を進めると、的確ななぜなぜ分析ができるよ
うになる。

表5.13　バグ分析誤り事例⑤

直接原因	文字コード処理に誤りがあり、日本語が文字化けする。	
レビュー見逃し原因のなぜなぜ	なぜ①　なぜ日本語が文字化けするのか。	
	⇒2バイト文字について対象コード種別それぞれの観点でレビューができていなかったため問題があることを見逃してしまった。	
	なぜ②　なぜ対象コード種別それぞれの観点でレビューができていなかったのか。	
	誤った「なぜなぜ」	的確な「なぜなぜ」
	⇒チェックリストにて「文字種別」に関する内容の項目がなかった。「半角カナ文字においてSJIS/EUC-JPで同一コードとなる文字が入力された場合の処理が正しいかを確認する」という観点でチェックすべきであった。	⇒レビュー時に対象コード種別一覧が記載された仕様書を参照せずにレビューを実施したため、一部の対象コード種別に漏れが発生した。

第 5 章 ● バグのなぜなぜ分析でホントの原因をつかむ

⑥ 思い込みを原因としている

表 5.14 左欄の誤った「なぜなぜ」は、「チェックは不要と思い込んだ」ことを原因としている。思い込みを原因とすると、思い込みをした箇所を探すことが 1 + n 施策となってしまい、有効な施策にならない。思い込みを防げなかった原因を分析する必要がある。分析の糸口としては、思い込みを防ぐような資料やソースコードはなかったかを考える。表 5.14 の既存ソース流用時では、その仕様や動作を実際に確認したかなどが考えられる。

表 5.14 バグ分析誤り事例⑥

直接原因	エラーチェックをしていないため、ファイルを生成できなかったときに異常終了する。	
作り込み原因のなぜなぜ	なぜエラーチェックをしなかったのか。	
	誤った「なぜなぜ」	的確な「なぜなぜ」
	⇒ API コールのリターン値のチェックは不要と思い込んだ。	⇒既存の API を流用したが、リターン値のチェックが必要であるにもかかわらず、その仕様が明記された仕様書を確認せず、リターン値は不要と誤認にしてコーディングを進めてしまった。

第 5 章の演習問題

問題 5.1 レビュー見逃し原因の特定と 1+n 施策の立案

5.3 節のバグ事象の作り込み工程が CD 工程だった場合の設問である。

＜発生事象 (5.3 節より再掲) ＞

あるシステムのログイン画面において、ユーザーがログイン ID とパスワードを入力する。その際、パスワードの入力を誤った場合でもログインできてしまうという事象が発生した。

このバグのなぜなぜ分析をするために、プロジェクト管理者、設計担当者およびコーディング担当者へヒアリングしたところ、以下の結果であった。

第 5 章の演習問題

ヒアリング結果：

- 直接原因はエラーが発生した場合に比較するエラー値の誤り (5.3 節 (1) のとおり)
- 詳細設計書には正しいエラーチェックの実施方法が記載されていた。
- 新人がコーディングを実施し、詳細設計書どおりにコーディングされていなかった。
- プロジェクト管理者は新人にコーディングを担当させたことのリスクを考慮し、新人がコーディングした部分については通常の 2 倍の人員かつ工数でレビューを実施する計画とした。
- しかし、バグを作り込んでしまったソースファイルに対し、レビュー計画どおりのレビューが実施できていないことが判明した。

このバグのレビュー見逃し原因と 1 + n 施策を答えよ。

問題 5.2　1 + n 施策の立案

表 5.15「ケースごとの真の原因一覧 (例)」で示したすべての原因に対して、1 + n 施策を立案せよ。

第 5 章 ● バグのなぜなぜ分析でホントの原因をつかむ

表 5.15　ケースごとの真の原因一覧(例)(表 5.7 の再掲)

ケース	作り込み工程	作り込み原因	レビュー見逃し原因	テスト見逃し原因
1	CD	誤った版の DD 仕様書を入力としてコーディングを実施した。	CDレビューで指摘できていたが、修正漏れ。レビュー記録票の発行が遅れたため修正確認が漏れた。	DD 仕様書未参照でテスト項目を作成し、テスト項目として抽出できなかった。
2	DD	DD 仕様書には、バッファの領域外アクセスに関する記載はないため、バッファサイズのチェックは別モジュールで実施していると解釈し、m のチェックは割愛した。	DD仕様書レビュー時、多くのバグが指摘されたため、レビュー責任者は、レビュー結果反映後に「再レビュー要」と判断してレビュー記録票に残したが、再レビューが実施されなかった。	DD 仕様書にバッファ領域外アクセスの記載がないため、DD 仕様書からテスト項目を設計する過程では、当該バグを摘出できるテスト項目の作成はむずかしい。ただし、バッファサイズ m に着目した同値分割により単体テスト項目を作成していれば、当該バグを摘出できた可能性はある。
3	FD	回線速度の想定に誤りがあり、バッファサイズの見積りを誤った。	回線速度が遅い環境においてバッファにデータが蓄積されるケースを想定できるレビューアが不参加だった。	テストでバグを摘出するためには大量のデータ通信が発生する環境が必要となるため、テストでの摘出は難易度が高い。ただし、負荷テストで想定以上の通信量の負荷をかけるテスト項目があれば摘出できる可能性はある。

第6章

設計とテストの仕様書から出来具合を見る

　ソフトウェアの設計、コーディング、テストの各段階でプロダクト品質を見極めるには、設計仕様書やテスト仕様書などの仕様書の評価が極めて重要である。ソフトウェア品質保証において、プロセス品質とプロダクト品質は車の両輪である。実際に、プロセス品質から見て問題が見つからなくても、プロダクト品質から見たときに致命的な問題が見つかることがある。ウォーターフォールモデルの最終段階でその指摘をしても遅く、後戻りが大きい。開発の早い段階でプロダクト品質の問題を摘出するには、仕様書の評価が欠かせない。本章では、ソフトウェア開発途中のアウトプットである設計仕様書とテスト仕様書の品質を判定する方法を解説する。

6.1▶仕様書の評価とは

「仕様書の評価」とは、ソフトウェア開発の際に作成する設計仕様書やテスト仕様書を、開発者とは異なる第三者が評価することである。本章では、「仕様書の評価」という用語を第三者による仕様書の評価と定義し、開発チームの仕様書レビューとは区別して使う。仕様書の評価の目的は、作成された設計仕様書やテスト仕様書が、そのソフトウェア開発で求められる品質を確保しているかどうかを判定することにある。この評価結果は、工程審査の入力となる。

（1）　仕様書の評価の必要性

ソフトウェア品質の判定には、プロセス品質とプロダクト品質の両面からの審査が必須である（1.3節（1））。ウォーターフォールモデルの開発途中にプロダクト品質を評価するには、仕様書の評価が最適である。開発途中に収集されるデータを使ったプロセス品質の評価は、その工程全体の開発活動の適切性は評価できるが、個々の成果物の質は間接的にしか評価できない。個々の成果物の質を直接評価するための技法が、仕様書の評価である。

（2）　仕様書の評価は誰が実施するのか

仕様書の評価は、直接開発に携わっていない第三者が実施することが望ましい。第三者とは、当該プロジェクト外、またはプロジェクト内の場合はその成果物の作成に直接たずさわらない方をいう。特に、組織内にPMOやSQAチームが設置されていればその担当者でもよい（3.2節）。第三者とする理由は、開発者が自分の書いた仕様書を客観的に評価するのはむずかしいからである。仕様書の行間を読むことなしに、その仕様書の品質を評価するには、第三者による実施が必須である。

（3）　第三者が仕様書の評価でプロダクト品質を評価できる理由

仕様書の評価として主に注目するのは、ソフトウェア工学の面からの観点で

6.2 ● 仕様書の評価の進め方

ある。ある領域を対象としたソフトウェア開発をするには、当然ながらその領域固有の知識は必要だが、ソフトウェア工学の知識も不可欠であり、その比重は想像するよりずっと重い。このため、ソフトウェア工学の面からでも、プロダクト品質を評価できるのである。これは、さまざまな実践事例から実証済である。逆にいえば、仕様書の評価には、ソフトウェア工学の知識が必要である。

(4) 工程審査での適用手順

仕様書の評価は、各工程での仕様書が完成した時期に実施する。その評価結果が工程審査の入力となる。工程審査では、仕様書の評価完了が基準のひとつとなるため、仕様書を評価した結果、重大バグが摘出された場合は、バグのなぜなぜ分析と水平展開まで完了していることが必須である。それらがすべて終了したとき、仕様書の評価に関する審査基準が達成となる。

仕様書の評価は、プロジェクト規模に応じて必要な工程で実施すればよい（3.2 節(4)）。最少の実施対象として、機能設計(FD)工程と結合テスト(IT)工程を推奨する。その理由は、FD 仕様書の完成度が、そのソフトウェア開発の鍵になるためである(2.4 節)。テスト仕様書は、V 字モデルで FD 工程と対応する IT 工程のテスト仕様書を確認する。また、仕様書の評価の対象物が複数存在する場合は、リソースが許す範囲でサンプリング評価を行う。たとえば、FD 工程終了時に、一人が数時間で実施できる範囲で FD 仕様書を評価するということでもよい。仕様書の評価は、最終工程の総合テスト(ST)工程になって初めて工程後戻りを要する品質問題に気付くより、コスト対効果にかなう方法である。

6.2 ▶ 仕様書の評価の進め方

本節では、仕様書の評価の進め方を、(1)準備、(2)評価実施、(3)評価結果の分析とフォローという3段階に分けて説明する。

第6章 ● 設計とテストの仕様書から出来具合を見る

> **column**
>
> ## 第三者による仕様書の評価はうまくいくか
>
> 　筆者は、複数の組織で、ソフトウェア開発プロジェクトとは独立した位置付けでソフトウェア品質保証の専任チームを立ち上げた経験がある。要員は責任者を含む3名程度であり、評価対象のプロジェクト領域での開発の経験がない要員であった。それでも、これらの要員による設計仕様書の評価において、仕様書間でオブジェクト名が異なる、エラー時の動作に関する仕様の定義がないといった仕様書上のバグを摘出した。対象プロジェクトは、結果として品質が向上し、顧客運用での品質目標を達成している。
>
> 　このように、ソフトウェア工学の知識があれば、開発方法論にもとづく問題指摘は可能である。また、設計からテストに至る過程で、設計具体化の際の論理的な整合性、テストケースの十分性といった観点での確認も可能である。

（1）　仕様書の評価の準備

　仕様書の評価の対象や実施時期を、**表 6.1** に示す。仕様書の評価の準備として、評価対象となる設計仕様書もしくはテスト仕様書と、その関連文書を揃える。当然と言えば当然だが、一式が揃うかの確認が大切である。一式揃うのに時間がかかるようであれば、プロジェクト内のマネジメントの問題を表している可能性がある。プロダクト品質の評価では、このような事実からプロジェクトの開発の実態を把握する姿勢が必要である。

　仕様書の評価は実施タイミングが鍵となる。設計仕様書の場合は、開発チームの設計仕様書のレビュー終了後から工程審査までの間に実施する。テスト仕様書の評価は、開発チームのテスト開始前に実施し、テスト仕様書の評価でテスト漏れを摘出した場合、遅滞なく開発チームのテストへ反映できるように配慮する。なお、W字モデル[1] で開発している場合は、設計工程と並行してテ

6.2 ● 仕様書の評価の進め方

表 6.1　仕様書の評価の対象と時期

	設計仕様書の評価	テスト仕様書の評価
評価対象	設計仕様書	テスト仕様書
実施時期	設計工程終了時	テスト設計完了時（テスト実施前）
評価対象となる版数	開発チーム内のレビューが完了したもの	テスト項目設計が終了し、テスト仕様書に対する開発チーム内のレビューが完了したもの
関連文書	• その設計仕様書のレビュー記録票 • 前工程の設計仕様書 • 要件定義書 • その他関連文書	• そのテスト仕様書のレビュー記録票 • 対応する設計工程の設計仕様書 • 要件定義書 • その他関連文書

スト仕様書の評価を実施する。

(2)　仕様書の評価の考え方

　仕様書の評価は、チェックリスト(**付録 A.2**)を使用して実施する。チェックリストは、基本項目と詳細項目の2つから構成している。

　基本項目は、仕様書全般および関連文書との照合による確認項目である(**図6.1**)。仕様書全般とは、仕様書が日本語として理解できるか、組織の規程やガイドを遵守しているかといった確認である。関連文書との照合のうち、特に設計仕様書では、V&V(1.3 節(2))の考え方を念頭に置く。すなわち、前工程の設計仕様書で設計した設計内容の網羅性を確認する検証という視点と、要件定義書で定義する要件の網羅性を確認する妥当性確認という2つの視点である。また、レビュー記録票の指摘を正しく反映しているかも漏らさず確認する。

　詳細項目は、仕様書細部の確認項目である。記載内容の論理性と具体性、機能構造、インタフェース、共通処理を確認する。ソフトウェア品質特性(1.2 節⑤)の視点でも確認しておく。たとえ要件に挙がっていなくても、信頼性、機能適合性に特に重点をおいたうえで、セキュリティ、性能効率性、使用性の視点でも確認しておく。

　基本項目は、仕様書の評価で必ず実施する。詳細項目は必要時に基本項目と

---

1)　ウォーターフォールモデル開発において、仕様設計の際に並行してテスト項目も設計し検証する技法

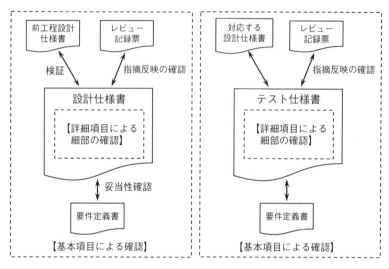

図6.1　設計仕様書とテスト仕様書の評価の考え方

合わせて実施する。必要時とは、開発対象ソフトウェアの機能や構造が複雑な場合、開発委託先の力量が不明な場合、その他基本項目のみでは品質が見極め切れない場合である。

(3) 評価結果の分析とフォロー

　仕様書の評価後には、その評価結果を分析する。設計仕様書の評価では、指摘事項をバグ、改善事項および仕様どおりの3種類に分類する。バグは修正するとともに、バグのうち重大度が致命的および重大なものに対しては、他に同種バグがないかを確認するために、バグのなぜなぜ分析と水平展開(第5章)を実施する。これらが完了してはじめて、設計仕様書の評価に関する審査基準が達成となる。

　テスト仕様書の評価では、指摘事項はすべて、開発チームのテスト仕様書へ反映する。致命的および重大な指摘事項は、同種のテスト漏れがないことを、バグのなぜなぜ分析と水平展開により確認する。これらが完了してはじめて、テスト仕様書の評価に関する審査基準を満たしたこととなる。

6.3 ● 機能設計仕様書の評価チェックリスト

6.3 ▶ 機能設計仕様書の評価チェックリスト

　本節では、機能設計（FD）仕様書の基本項目のレビュー観点、および、その他の工程での確認時の注意事項について説明する。

　機能設計（FD）仕様書チェックリストの基本項目は、FD 仕様書全般、前工程の基本設計（BD）仕様書との照合、レビュー記録票との照合、要件仕様書との照合の 4 つから構成される。以下に、レビュー観点を 1 項目ずつ説明する。

（1）　機能設計（FD）仕様書の確認

　表 6.2 は、仕様書として体裁が整っているか、機能の説明が理解できるかを確認するレビュー観点である。

① 　**仕様書は組織で定める様式に準拠し、必須項目がすべて記載されているか**

　仕様書テンプレートに則って記載されているか、使用しているテンプレートは最新版か、未稿や空欄がないかといった仕様書の記載ルールの観点で確認する。もし、利用上の注意事項の欄に何も記載されていなければ、該当する注意事項がないのか、記載が漏れているのか判別できないので、確認が必要である。

表 6.2　チェックリスト（1）　機能設計（FD）仕様書を確認

No.	カテゴリ	レビュー観点	確認項目	確認日付	結果
基本項目					
機能設計（FD）仕様書を確認					
①	全般	仕様書は組織で定める様式に準拠し、必須項目がすべて記載されているか	仕様書テンプレートや雛型の版数、TBD や空欄の有無		
②		記載内容は正確で読みやすく、解釈が一意となる語句や表現か	日本語としての理解性、曖昧な記載、用語の揺れ		
③	機能	機能は、利用者視点で動作が正確に理解できる程度に具体化されているか	画面イメージ、メッセージ、各種条件での機能の振る舞い（例外、異常値を含む）		
④		機能は一貫しており、矛盾なく定義されているか	記載内容と画面イメージ間、機能の重複、対称性、動作条件、共有と排他、FD 仕様書間の差異		

163

第6章●設計とテストの仕様書から出来具合を見る

② 記載内容は正確で読みやすく、解釈が一意となる語句や表現か

　仕様書である以上、なにも小説のようにワクワクして読めるような文章は必要ないが、誰が読んでも誤解なく解釈できる記載が期待される。下記は、仕様書記載時の注意事項である。これらが守られていない場合、読み手により解釈が異なる可能性があるので、記載の修正が必要である。

- 日本語として文法的に正しく、内容が理解できる。
- 範囲や条件が曖昧とならないよう、「〜など」、「〜ことがある」の表現は避ける。同様に、「正しい〜」、「不正な〜」といった抽象表現も避け、必ず正常値や不正値として具体的な値を定義する。
- 同じ事柄が複数の言い方で表現されるような用語の揺れがなく、統一された用語を使用する。

　表6.3の例文では、「システム管理者」、「プロジェクト管理者」の他に「プロジェクト定義者」が登場する。プロジェクト定義者は、前二者のどちらかを指すのか、あるいは、別の者なのか、どのようにも読めてしまう。このような記載は混乱の原因になるので、確認時に指摘すべきである。

③ 機能は、利用者視点で動作が正確に理解できる程度に具体化されているか

　利用者インタフェースとなる各画面のイメージ、メッセージが具体的か、各種条件での機能の振る舞いが明確かを確認する。特に、異常値や例外ケースも考慮されているかの確認は必ず実施する。

④ 機能は一貫しており、矛盾なく定義されているか

　仕様書の記載内容と画面イメージ間に矛盾はないか、同じ働きをする機能が重複していないか、同様の機能間で有する機能セット[2]に差異はないか、差異は妥当かを確認する。

表6.3　機能定義の例文

- システム管理者は、システム全体を操作する権限をもち、システムの運用や保守などを行う。
- プロジェクト管理者は、システムに対して、プロジェクト情報を操作する権限を有する。
- プロジェクト定義者は、プロジェクトの開始に際し、システムにプロジェクトを登録する。

6.3 ●機能設計仕様書の評価チェックリスト

また、大規模システムの機能を確認する場合、FD 仕様書間での矛盾はない
か確認しておく。特に、共有と排他の制御の動作条件は必ず確認すべき観点で
ある。たとえば、ある仕様書では他の機能との同時実行不可と記載され、別の
仕様書では全機能との並行実施は可能と記載されているといったことがないか
を確認する。

(2) 基本設計(BD)仕様書との照合

BD 仕様書と FD 仕様書を照合することにより、仕様の過不足なく設計され
ているかを確認する(表 6.4)。
⑤ BD 仕様書で定義された仕様が FD 仕様書にすべて盛り込まれているか

BD 仕様書では、要件をもとに、アクターや利用シーンを整理し、機能の大
枠を仕様として設計している。したがって、誰がどのような場面で使うのかを
踏まえながら、仕様の盛り込みを確認する。

(3) レビュー記録票との照合

評価対象の FD 仕様書とレビュー記録票を照合し、レビューアが指摘した事項
と修正方針により、反映漏れや問題解決の妥当性の観点で確認する(表 6.5)。
⑥ レビュー指摘事項はすべて仕様書に反映されているか

レビューで指摘した事項のうち、修正すべき事項が漏れなく反映されている

表 6.4 チェックリスト(2) 基本設計(BD)仕様書と機能設計(FD)仕様書を照合

No.	カテゴリ	レビュー観点	確認項目	確認日付	結果
基本項目					
基本設計仕様書と機能設計仕様書を照合					
⑤	仕様	基本設計仕様書で定義された仕様が機能設計仕様書にすべて盛り込まれているか	利用者機能、管理者機能、保守機能、性能、スケーラビリティ、セキュリティ		

---

2) 開く、保存、登録、更新、削除、参照といったオブジェクトに対する一群の操作の集合
のこと

第6章 ● 設計とテストの仕様書から出来具合を見る

表6.5 チェックリスト(3) レビュー記録票と機能設計(FD)仕様書を照合

No.	カテゴリ	レビュー観点	確認項目	確認日付	結果
	基本項目				
	レビュー記録票と機能設計(FD)仕様書を照合				
⑥	レビュー結果	レビュー指摘事項はすべて仕様書に反映されているか	バグ指摘		
⑦		仕様書への反映結果は、指摘事項の問題を正しく解決しているか	解決方式		
⑧		内容に踏み込んだ指摘が挙がっているか	機能やケースの考慮漏れ、論理的不整合		

かを確認する。

⑦ 仕様書への反映結果は、指摘事項の問題を正しく解決しているか

仕様書上で改訂された内容が解決方式として妥当かどうかを確認する。修正内容がレビューアの指摘の意図を踏まえているか、部分的な解決となっていないかを確認する。

⑧ 内容に踏み込んだ指摘が挙がっているか

レビューそのものが着実に実施されているかどうかを確認する。機能やケースの考慮漏れ、あるいは論理的な不整合といった動作や構造に着目した指摘をしているかを確認する。記載内容の意味に着目した指摘がなく、誤字脱字といった表面的な指摘に終始している場合、レビュー工数が基準を満たしているか、レビューアが適切かの視点でも確認しておくべきである。

(4) 要件定義書との照合

要件定義書と FD 仕様書の照合により、要件が漏れなく設計されているかを確認する(表6.6)。

⑨ 前工程まで未確定であった機能要件、非機能要件はすべて確定しているか

追加要件や顧客要件で、開発計画時点で定まっていなかった要件の確定を確認する。

6.3 ● 機能設計仕様書の評価チェックリスト

表6.6　チェックリスト(4)　要件定義書と機能設計(FD)仕様書を照合

No.	カテゴリ	レビュー観点	確認項目	確認日付	結果
基本項目					
要件定義書と機能設計(FD)仕様書を照合					
⑨	要件	前工程まで未確定であった機能要件、非機能要件はすべて確定しているか	追加要件、顧客要件		
⑩		機能要件、非機能要件は、過不足なく機能に落とし込まれ具現化されているか	性能、スケーラビリティ、操作性、セキュリティ		
⑪		設計された一連の機能は、実装予定のすべての機能要件を鑑みて妥当か	機能要件の網羅、目的の達成		
⑫		設計された一連の機能やデータ構造は、対応予定のすべての非機能要件を鑑みて妥当か	非機能要件の実現、目標値の達成		

⑩　機能要件、非機能要件は、過不足なく機能に落とし込まれ具現化されているか

　機能要件の盛り込み漏れの他、機能要件にない機能が設計に盛り込まれていないかを確認する。非機能要件では、特に性能、スケーラビリティ、操作性、セキュリティに関する要件の盛り込みを確認する。

⑪　設計された一連の機能は、実装予定のすべての機能要件を鑑みて妥当か

　機能仕様として定義された一連の機能で、機能要件が網羅され、要件の目的が達成されるかを確認する。

⑫　設計された一連の機能やデータ構造は、対応予定のすべての非機能要件を鑑みて妥当か

　機能仕様として定義された一連の機能について、非機能要件が実現されるか、目標値が達成されるかを確認する。

6.4 ▶ 機能設計仕様書の評価事例

本節では、前節で述べたレビュー観点を具体的に適用した事例を説明する。

(1) 適用事例の概要

適用事例として、架空のソフトウェア「グローバルコミュニケーションツール」を用いて説明する。本ソフトウェアは、利用者間でネットワークを通してチャットができる機能を提供する。自環境の言語と異なる言語のメッセージは、メッセージ受信の際、自環境の言語に翻訳される特長を持つ。図 6.2 に示すように、たとえば、利用者 1 が送信したメッセージは、利用者 2 と利用者 3 が受信、表示されるが、その際、利用者 2 と利用者 3 ではそれぞれの環境の言語に翻訳されたメッセージも表示される。利用者 2 や利用者 3 がメッセージ送信した場合の動作も同様である。

なお、本ツールは、図 6.3 に示す仕組みで実現する。モバイル端末から送信

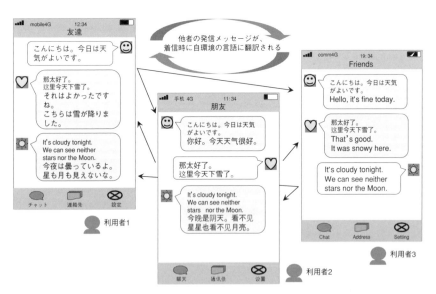

図 6.2　適用事例：グローバルコミュニケーションツールのイメージ

6.4 ● 機能設計仕様書の評価事例

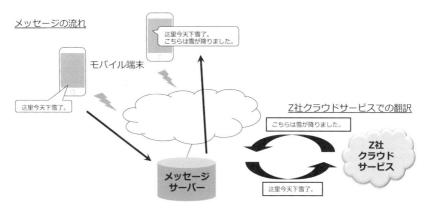

図 6.3　適用事例のメッセージ送受信の仕組み

されたメッセージはメッセージサーバーに送られ、メッセージサーバーで Z 社クラウドサービスでの翻訳結果を加え、受信者のモバイル端末に送られる。

ツールに対する要件は**表 6.7** のとおりとする。

表 6.7　ツールの要件

```
機能要件
 1．モバイル端末
   ・利用者がツールから利用登録できる。
   ・連絡先に「仲間」の登録と削除ができる。
   ・連絡先にある仲間と1対1、もしくは、仲間複数名でチャットができる。
   ・メッセージの送信、取り消しができる。
   ・異国語メッセージの受信時に、モバイル端末の設定に合わせて翻訳できる。
 2．メッセージサーバー
   ・モバイル端末、および、Z 社クラウドサービスとのメッセージの送受信機能を有する。
   ・利用者を管理するための管理者機能を有する。
非機能要件
   ・機密保護のための機能を有し、利用者が安心して利用できる。
   ・障害が発生した場合は、原因と対処する方法が理解できる旨を表示する。
   ・画面操作における応答時間は1秒以内である。翻訳の実行性能は Z 社のサービスに
    委ねる。
   ・利用者の操作ミスを予防できる。
```

第6章●設計とテストの仕様書から出来具合を見る

（2）　機能設計（FD）仕様書の評価結果

　以上のツールに関し、翻訳機能の機能設計を図6.4に示す。この適用事例では、FD仕様書チェックリストの②、③、⑩のチェック項目を確認している。

② 記載内容は正確で読みやすく、解釈が一意となる語句や表現か
- 指摘(a)は、「使用言語」の定義がないので、具体的にどの設定値が用いられるのか理解できない。
- 指摘(c)は、「大きなフォント」が具体的なフォントサイズを示していないため、元メッセージとの相対的な大小はわかるが、実装の際にどの大きさのフォントにすべきかわからない。

③ 機能は、利用者視点で動作が正確に理解できる程度に具体化されているか
- 指摘(b)は、「その旨のメッセージ」の具体的なメッセージ文が定義されていない。このままでは実装できない。
- 指摘(e)は、「表示、非表示が切り替わる」についての具体的な説明がないので、どのように動作するのかが理解できない。

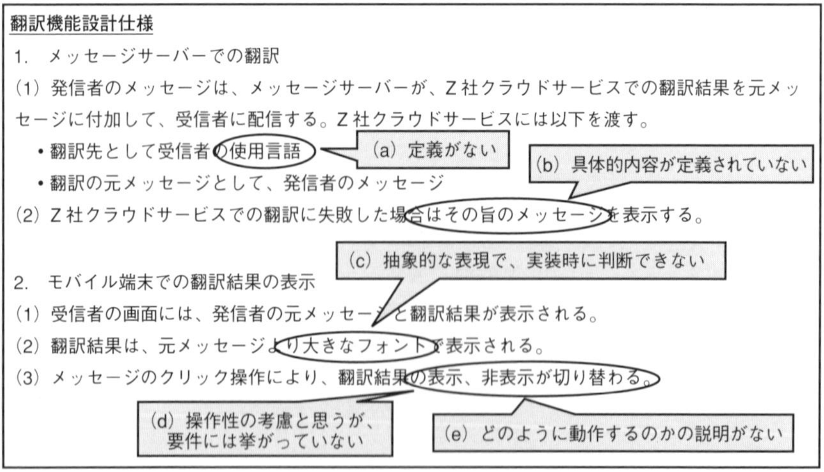

```
翻訳機能設計仕様
1．メッセージサーバーでの翻訳
（1）発信者のメッセージは、メッセージサーバーが、Z社クラウドサービスでの翻訳結果を元メッ
セージに付加して、受信者に配信する。Z社クラウドサービスには以下を渡す。
　・翻訳先として受信者の使用言語　　(a) 定義がない
　・翻訳の元メッセージとして、発信者のメッセージ　　(b) 具体的内容が定義されていない
（2）Z社クラウドサービスでの翻訳に失敗した場合はその旨のメッセージを表示する。
　　　(c) 抽象的な表現で、実装時に判断できない
2．モバイル端末での翻訳結果の表示
（1）受信者の画面には、発信者の元メッセージと翻訳結果が表示される。
（2）翻訳結果は、元メッセージより大きなフォントで表示される。
（3）メッセージのクリック操作により、翻訳結果の表示、非表示が切り替わる。
　　　(d) 操作性の考慮と思うが、要件には挙がっていない　　(e) どのように動作するのかの説明がない
```

図6.4　FD仕様書の確認例

⑩　機能要件、非機能要件は、過不足なく機能に落とし込まれ具現化されているか

- 指摘(d)の「表示、非表示が切り替わる」は、操作性の考慮である点は推察できるが、実際には要件にはないので、仕様決定の判断について確認すべきである。そのうえで、機能の妥当性について判断する。

6.5 ▶結合テスト仕様書の評価チェックリスト

結合テスト(IT)仕様書チェックリストの基本項目は、IT仕様書全般、対応する設計であるFD仕様書との照合、レビュー記録票との照合の3つから構成される。以下に、レビュー観点を1項目ずつ説明する。

（1）　結合テスト(IT)仕様書を確認

IT仕様書も、FD仕様書の確認と同様に、体裁が整っているか、内容が理解できるかを確認する（表6.8）。

①　仕様書は組織で定める様式に準拠し、必須項目がすべて記載されているか

様式に沿っているかどうかは、設計仕様書と同様、テスト仕様書でも大切な確認観点である。

②　記載内容は正確で読みやすく、解釈が一意となる語句や表現か

本チェック項目も、設計仕様書と同様、テスト仕様書でも大切な確認観点である。以下の観点で確認する。

- 日本語として文法的に正しく、内容が理解できる。
- 範囲や条件が曖昧にならないよう、「〜など」、「〜ことがある」の表現は避ける。同様に、「正しい〜」、「不正な〜」といった抽象表現も避け、必ず正常値や不正値として具体的な値を定義する。
- 同じ事柄が複数の言い方で表現されるような用語の揺れがなく、統一された用語を使用する。

第6章 ● 設計とテストの仕様書から出来具合を見る

表6.8　チェックリスト(5)　結合テスト(IT)仕様書を確認

No.	カテゴリ	レビュー観点	確認項目	確認日付	結果
	基本項目				
	結合テスト(IT)仕様書を確認				
①	全般	仕様書は組織で定める様式に準拠し、必須項目がすべて記載されているか	仕様書テンプレートや雛型の版数、TBD や空欄の有無		
②		記載内容は正確で読みやすく、解釈が一意となる語句や表現か	日本語としての理解性、曖昧な記載、用語の揺れ		
③	評価方針	テスト項目の設計方針が明確になっているか			
④	評価環境	評価環境は、物理的に実現可能な構成が正確に設計されているか	保有資産、設備		
⑤		当該環境群で、すべての評価項目が実行可能か	大規模、限界値、実運用		
⑥	評価項目	評価項目は、結果を正確に検証できるか	評価項目のシステム状況、入力値、操作方法、期待結果		

③　テスト項目の設計方針が明確になっているか

　結合テストでは、機能を外部仕様の視点で網羅的に評価する。ただし、実装方法やテストのしやすさといった点から、前後のテスト工程の内容を含む場合がある。たとえば、単体テストにおいて、画面操作を伴う部分は結合テストに盛り込む方針とあったなら、結合テストの指針としてそのことが示されているべきである。なお、特にテスト計画が明確でない場合は、結合テストの設計方針を踏まえて、大項目レベルでの見落としの有無を確認する。

④　評価環境は、物理的に実現可能な構成が正確に設計されているか

　調達可能な資産や設備で構成できる評価環境かどうかを確認する。テスト項目設計の際は、理想的な評価環境を想定しがちだが、特に、大規模な評価環境を要する場合には、評価設備の調達の可能性を考察し現実的かどうかを確認する。また、逆に小規模な評価環境を想定している場合には、品質の見極めに必要な評価が実施できるかを確認する。

⑤　当該環境群で、すべての評価項目が実行可能か

　調達可能な評価環境と、大規模、限界値、実運用を対象とした評価項目の整

合が取れているかを確認する。大容量を要する上限値の確認テストや冗長化でのテストを実施する場合には、調達予定の評価環境で実行可能かどうか、疑似環境の用意は必要ないかを確認する。

⑥ 評価項目は、結果を正確に検証できるか

テスト項目として、操作前のシステム状況、入力値、操作方法、期待結果が具体的に記載され、結果の正確な検証が可能かを確認する。

テスト結果は、OKかNGかを単純に判定できるよう作成すべきである。また、テスト設計者が、必ずしもテストの実施者になるとは限らない。このため、期待結果は、一意に特定できる記載とする。判断に迷う記載となっている場合には、その旨を指摘し修正を促す。

(2) 機能設計(FD)仕様書と結合テスト(IT)仕様書を照合

FD仕様書とIT仕様書の照合により、機能や動作状況の網羅にかかわるレビューを実施する(**表6.9**)。

⑦ FD仕様書にある機能をすべて網羅しているか

FD仕様書で定義されているすべての機能に対し、さまざまな動作条件や値を与え網羅的なテストをできるようにテスト項目が設計されているかを確認する。合わせて、逆にIT仕様書にありFD仕様書にない機能がないか、FD時の漏れを確認しておく。

⑧ システムや機能の実行状態を加味しているか

データベースやネットワークをはじめとするリソースの状況により、機能を

表6.9 チェックリスト(6) 機能設計(FD)仕様書と結合テスト(IT)仕様書を照合

No.	カテゴリ	レビュー観点	確認項目	確認日付	結果
基本項目					
機能設計(FD)仕様書と結合テスト(IT)仕様書を照合					
⑦	機能	FD仕様書にある機能をすべて網羅しているか			
⑧		システムや機能の実行状態を加味しているか	NW、DB、その他リソースの状況		

第6章 ● 設計とテストの仕様書から出来具合を見る

同様に操作しても結果が異なる場合がある。たとえば、例示のツールの利用者管理機能で、1画面に20件の利用者表示ができるとしたとき、境界条件として、0件、1件、19件、20件、21件のケースの考慮が必要となる。利用者の登録は、利用者自らが行うので管理者は操作できないものの、この場合、データベース上の登録情報自体が入力値となる。

　目の前の機能自体に注力するあまり、このようなリソース状況の考慮を漏らしてしまうこともあるので、しっかり確認しておく。

（3）　レビュー記録票と結合テスト（IT）仕様書を照合

　IT仕様書においても、IT仕様書に対するレビュー記録票の指摘事項の反映を確認する（表6.10）。

⑨　レビュー指摘事項はすべて仕様書に反映されているか

　レビューで指摘した事項のうち、修正すべき事項が漏れなく反映されているかを確認する。

⑩　仕様書への反映結果は、指摘事項の問題を正しく解決しているか

　テスト仕様書の改訂内容が、指摘事項を正しく解決しているかを確認する。修正内容がレビューアの指摘の意図を踏まえているか、部分的な解決となっていないかを確認する。

表6.10　チェックリスト（7）　レビュー記録票と結合テスト（IT）仕様書を照合

No.	カテゴリ	レビュー観点	確認項目	確認日付	結果
基本項目					
レビュー記録票と結合テスト仕様書(IT)を照合					
⑨	レビュー結果	レビュー指摘事項はすべて仕様書に反映されているか	ケース漏れ、条件漏れ		
⑩		仕様書への反映結果は、指摘事項の問題を正しく解決しているか	項目作成方式		
⑪		内容に踏み込んだ指摘が挙がっているか	機能やケースの考慮漏れ、論理的不整合		

174

⑪　内容に踏み込んだ指摘が挙がっているか

　レビューそのものが着実に実施されているかどうかを確認する。設計内容に着目した指摘がなく、誤字脱字といった表面的な指摘に終始している場合、レビュー工数が基準を満たしているか、レビューアが適切かの視点でも確認しておくべきである。

6.6 ▶結合テスト仕様書の評価事例

　図6.5は、6.5節で例示したグローバルコミュニケーションツールのIT仕様書への適用事例である。この事例では、IT仕様書チェックリストの⑥、⑦のチェック項目を確認している。

⑥　評価項目は、結果を正確に検証できるか

- 指摘(b)の「何も起きない」は、一見問題ないように見えるが、どんな点の確認により何も起きていないと判断すべきかが明示されておらず、テスト結果の問題を見落とす危険性がある。
- 指摘(d)の「失敗した旨」では、どのようなメッセージが表示された場合にOKとすべきか判断できないので、期待結果の具体的な記載が必要である。もっとも、この例の場合、FD仕様書で明示されていないので、まずはFD仕様書の確認の際に指摘すべきである。

⑦　FD仕様書にある機能をすべて網羅しているか

- 指摘(a)は、機能設計仕様でフォントの大きさが具体的に明示されていなかったことも影響しているが、テスト項目として確認すべき点に挙がっていないのは問題である。
- 指摘(c)は、メッセージの受信後に使用言語を切り替えた場合の動作がFD仕様書では定義されていなかったので、どのような動作が妥当か確認して記載すべきである。

第6章 ● 設計とテストの仕様書から出来具合を見る

項番	評価項目	期待結果	実施結果
1	モバイル端末での翻訳結果の表示		
1.1	1対1でのチャット 発信者は日本語、受信者は英語	(a)フォントの大きさを確認する項目がない	
1.1.1	発信者はメッセージ「こんにちは。今日は天気がよいです。」を発信する	受信者の画面で「こんにちは。今日は天気がよいです。Hello.it's fine today」が表示される	
1.1.2	受信者の画面で「Hello.it's fine today」をタッチする	受信者の画面上のメッセージが「こんにちは。今日は天気がよいです。」のみになる	
1.1.3	再度、受信者の画面で「こんにちは。今日は天気がよいです。」をタッチする	受信者の画面に「こんにちは。今日は天気がよいです。Hello.it's fine today」が表示される	
1.2	1対1でのチャット 発信者、受信者ともに日本語		
1.2.1	発信者はメッセージ「こんにちは。今日は天気がよいです。」を発信する	受信者の画面に「こんにちは。今日は天気がよいです。」が表示される	
1.2.2	受信者の画面で「こんにちは。今日は天気がよいです。」をタッチする	何も起きない (b)確認すべき点が明示されていない	
1.2.3	受信者の使用言語を英語に切り替えて、「こんにちは。今日は天気がよいです。」をタッチする	受信者の画面に「こんにちは。今日は天気がよいです。Hello.it's fine today」が表示される	
⋮		(c)このような動作は定義されていない	
1.3	Z社との間で通信エラー 発信者は日本語、受信者は英語		
1.3.1	発信者のメッセージ「こんにちは。今日は天気がよいです。」を発信する	受信者の画面に「こんにちは。今日は天気がよいです。」および翻訳失敗の旨が表示される	
⋮		(d)期待結果が具体的でない	

図 6.5　IT 仕様書の評価事例

6.7 ▶ その他の工程での評価時の注意点

　ここまで、機能設計(FD)仕様書と結合テスト(IT)仕様書の確認時の観点について述べてきたが、それ以外の工程の仕様書においても確認しておきたい観点がある。

（1）　基本設計(BD)仕様書

　BD 仕様書の評価では、要件定義書で定義された要件が、利用者の視点で適切に仕様に落とし込まれているかを確認する。一連の機能要件から想定される機能群に対して必要な仕様が定義されているか、それぞれの性能、スケーラビ

6.7 ● その他の工程での評価時の注意点

リティ、機密性をはじめとする非機能要件が考慮されているかが確認のポイントである。特に、大規模システムにおける性能やスケーラビリティの考慮漏れは、後工程で摘出された際の後戻りが非常に大きくなるので、忘れずに確認すべきである。

なお、前述のとおり、BD工程完了の段階で未確定要件が残存していることもある。この場合、影響が想定される範囲の仕様については、後工程への申し送り事項として記録すべきなので、この点も確認する。

(2) 詳細設計(DD)仕様書

DD仕様書の評価では、FD仕様書で定義された機能が、実装上の設計に漏れなく落とし込まれているかを確認する。複数のDD仕様書を比較し、記載粒度の十分性を確認するのも効果的である。たとえば、ある仕様書ではメソッドの処理フローが記載されているのに、別の仕様書では処理概要しか記載がなければ、その旨を指摘する。

また、プログラムの処理や手続きについて、特にエラー処理のエラーケースの考慮漏れや設計の揺れや曖昧さを、合わせて確認する。図6.6にDD仕様書の評価事例を示す。下記に示すように、エラーコードやメッセージ、定数が確認対象の仕様書に定義されていない例である。

- 指摘(a)の「不正」の具体的な値を示していない。このままでは、実装できない。
- 指摘(b)は、認証に失敗したときの動作が記載されていない。
- 指摘(c)は、エラーメッセージの具体的な内容が示されていない。

これらのケースでは、関連する他の設計仕様書の確認が必要となる。さらに、その確認先にも記載がなく、問題が設計全体に波及する場合がある。必ず実際の設計仕様書を確認する姿勢が必要である。

(3) 単体テスト(UT)仕様書

UT工程でバグを逃してしまうと、潜在したまま顧客にリリースされる危険

177

第 6 章 ● 設計とテストの仕様書から出来具合を見る

---

translate() メソッド

【概要】

　メッセージを Z 社クラウドサービスの翻訳機能に渡し、指定の言語で翻訳されたメッセージを受け取る。

1. Z 社クラウドサービスへの認証

2. Z 社クラウドサービスに翻訳先の言語指定とメッセージと渡す。

3. 呼び出し元に翻訳結果を返す。

【形式】

String translate(int lang_code, String input_message) throws TransToolException

【引数説明】

型・引数名	入出力	説明
int lang_code	入力	Z 社クラウドサービスの言語コード
String input_message	入力	利用者の発信メッセージ
String translate	出力	メッセージ翻訳結果

【例外】

例外クラス	説明
TransToolException	下記の場合に生じる。 ・Z 社クラウドサービスが、翻訳時にエラーを返してきた場合 ・lang_code、input_message が不正な値であった場合

【処理内容】

(a)「不正」とはどのような値か？

本メソッドは以下の処理を順に行う。

1. 引数の検査を行う。いずれかの引数が不正であった場合、TransToolException を作成し、スローする。

2. Z 社契約 ID をパラメータとして、Z 社クラウドサービスの認証を行う。

3. lang_code、input_message をパラメータとして Z 社クラウドサービスをコールする。

4. 返却値が translate にセットされる。

(b) 認証に失敗した場合の動作が不明

【使用リソース】

メソッド内で使用するリソースを下記表に示す。

表 n-m translate() 内で使用するリソース

種別	ID	内容
エラー	translate_auth_error	Z 社クラウドサービスの認証に失敗した旨のエラーメッセージ
エラー	translate_trns_error	Z 社クラウドサービスで翻訳に失敗した旨のエラーメッセージ
エラー	translate_no_lang_error	Z 社クラウドサービスで翻訳先の言語が不明な旨のエラーメッセージ

(c) エラーメッセージの具体的内容の記載がない

図 6.6　DD 仕様書の確認例

178

6.7 ● その他の工程での評価時の注意点

がある。その理由は、ロジックの妥当性や十分性を網羅的にテストするのは、ソフトウェア構造の視点で評価するホワイトボックステストが中心の単体テストだからである。以降のテストは、利用者視点で評価するブラックボックステストが中心となり、ロジックの網羅が困難となる。したがって、UT が簡略化されることなく実施されるようしっかり確認する必要がある。

UT 仕様書の評価では、プログラムに対するテストケースの考慮漏れを確認する。まず、単体テスト自体がしっかり設計されているかを見ていく。特に詳細設計を明示的に実施していない場合や、テストケースをソースコードで代用[3]しているような場合は、テストケースがソースコードを網羅していない可能性があるので要注意である。

図 6.7 は、UT 仕様書の確認例である。下記に示すように、曖昧な表現やケース考慮の漏れが見受けられるので、これらの点は指摘すべきである。

- 指摘(a)の「上記以外」は、テストに必要な特定の値を示していない。テスト実施者のスキルによって、意図するテストとならない危険性がある[4]。
- 指摘(b)は、trns_status とあるが、UT 仕様書にも DD 仕様書にも定義がない。
- 指摘(c)は、UT でテスト可能なテストケースが省略されており、テストの網羅性が確認できない。
- 指摘(d)は、表 n-m に示されるエラー処理に対するテスト項目がない。

（4）　総合テスト(ST)仕様書

ST 仕様書の評価では、特に機能要件、非機能要件の視点で評価する項目の過不足を確認する。なお、要件定義書上に記載はなくても、品質特性の観点での評価項目の有無は確認しておくべきである。たとえば、要件定義書に利用者の操作ミス防止の要件があるのに、ST 仕様書には、機能要件の評価と、高負

---

3)　ソースコードを単体テスト仕様書に貼り付け、テスト項目としているケースもある。
4)　説明用の例として挙げているが、本来、DD 仕様書で設定可能な値と不可能な値が定義されていないことが問題である。DD 仕様書の評価で確認するのが望ましい。

179

第6章 ● 設計とテストの仕様書から出来具合を見る

項番	評価項目	期待結果	実施結果
1	入力パラメータ		
1.1	lang_code		
1.1.1	lang_code=0（日本語）	stub に左記文字列が渡される。	
1.1.2	lang_code=1（英語）	stub に左記文字列が渡される。	
1.1.3	lang_code に上記以外の値を設定する。	stub に左記文字列が渡される。	
1.2	input_message		
1.2.1	input_message="今日はよい天気です。"	stub に左記文字列が渡される。	
1.2.2	input_message="It's fine today."	stub に左記文字列が渡される。	
1.2.3	input_message=""	stub をコールせず処理を終了する。trns_status=-1	
2	出力		
2.1	translate		
2.1.1	stub から"今日はよい天気です。"が渡される	左記文字列を返却し処理を終了する。	
2.1.2	stub から"It's fine today."が渡される	左記文字列を返却し処理を終了する。	
2.1.3	stub から""が渡される	左記文字列を返却し処理を終了する。	
3	入力パラメータ組み合せ		
3.1	本ケースは message() メソッド結合し評価するため対象外		

(a)「上記以外」で期待する値は？

(b)仕様書に説明がない変数

(d)例外発生時の評価項目がない

(c)結合テストで、単体で評価すべきケースを網羅できるのか疑問

図 6.7　UT 仕様書の確認例

荷時の信頼性と性能の評価の項目しかなければ、その旨を指摘する。

6.8 ▶ 評価結果の分析と報告

（1）　評価結果報告書の作成

　仕様書の評価の結果は、評価結果報告書としてまとめる。評価結果報告書の構成を表 6.11 に示す。このうち「1.2　評価結果サマリー」、「1.3　総合見解」、「2.評価結果詳細」について以下に詳細に説明する。

（2）　設計仕様書の評価結果サマリーの考え方

　設計仕様書の評価結果サマリー例を表 6.12 に示す。

180

6.8 ● 評価結果の分析と報告

表 6.11　評価結果報告書の構成

1. 概要 　1.1　評価対象および観点 　1.2　評価結果サマリー 　　　評価対象 　　　指摘件数の内訳 　　　バグ件数の内訳 　1.3　総合見解	2. 評価結果詳細 　2.1　指摘項目一覧 　2.2　傾向分析 　2.3　想定されるリスク 3. 依頼事項 　3.1　実施すべき対策 　3.2　結果の報告 付録

表 6.12　評価結果サマリー（設計仕様書の評価の例）

評価対象

評価対象	規模 [ページ数]	サンプリング
管理者機能 設計仕様書	200	開発難易度を踏まえ、サーバー側の管理者側の機能と、モバイル端末の着信時の関連機能を抽出
翻訳機能 設計仕様書	21	
メッセージ 着信機能仕様書	104	
合計	325	

指摘件数の内訳

仕様書	合計	バグ	改善事項	仕様どおり
合計	20	11	2	7
管理者機能 設計仕様書	8	5	2	3
翻訳機能 設計仕様書	8	3	0	2
メッセージ 着信機能仕様書	4	3	0	2

バグの内訳

現象分類	合計	要件漏れ	曖昧な設計	設計誤り	考慮漏れ	その他
合計	11	1	1	1	2	6
管理者機能 設計仕様書	5	1	1	0	1	2
翻訳機能 設計仕様書	3	0	0	1	0	2
メッセージ 着信機能仕様書	3	0	0	0	1	2
重大度		1		4		6
		致命的		重大		軽微

　評価対象では、規模には、設計仕様書であればページ数、テスト仕様書であればテスト項目数を用いる。評価対象をサンプリングで抽出している場合は、

第6章 ● 設計とテストの仕様書から出来具合を見る

抽出の考え方も合わせて明記する。

指摘件数の内訳では、上工程でのバグの定義に従い、1件ごとの指摘をバグ判定した結果を表示する。バグ判定されたもののうち、当該リリースで修正するものを「バグ」に、次リリース以降で修正予定のものを「改善事項」に計上する。バグ判定の結果、バグでなく仕様どおりだったものは、「仕様どおり」へ計上する。

バグの内訳では、指摘件数の内訳のうち「バグ」を対象として、現象分類した結果を表示する。現象分類と重大度の定義を、表6.13に示す。

(3) テスト仕様書の評価結果サマリーの考え方

テスト仕様書の評価では、テスト仕様書の修正が必要な指摘を「バグ」とする。テスト仕様書の表記法をはじめとする軽微な指摘で、次回以降の改善すべき事項を「改善事項」、バグではなく仕様どおりだったものを「仕様どおり」とする。

バグの内容により、要件確認漏れ、大項目考慮漏れ、バリエーション不足、入力値・期待結果なし、その他に分類する。テスト仕様書の現象分類と重大度の定義を表6.14に示す。

表6.13　設計仕様書のバグの現象分類と重大度の定義

現象分類	説明
要件漏れ	機能要件が仕様や機能に落とし込まれていない。 非機能要件が達成されていない。
曖昧な設計	論理性、具体性に欠く、もしくは、多義に解釈可能な設計
設計誤り	上工程での定義の明らかな誤解による設計誤り
考慮漏れ	特殊状態やエラーケースといった設計上の漏れ
その他	不適切な表示 / メッセージの表現 軽微な抜け漏れ、誤解を招く可能性があり修正すべき表現

重大度	説明
致命的	要件の実装が漏れている、もしくは要件が達成できない(現象分類で「要件漏れ」が該当)。
重大	ソフトウェアの設計として当前の記載内容に不備があり、バグを引き起こすことが明確(現象分類で「曖昧な設計」「設計誤り」「考慮漏れ」が該当)
軽微	表示 / メッセージ誤り、その他(現象分類で「その他」が該当)

6.8 ●評価結果の分析と報告

表6.14　テスト仕様書のバグの現象分類と重大度の定義

現象分類	説明
要件確認漏れ	機能要件、非機能要件の観点で確認できる項目がない。
大項目考慮漏れ	負荷テストや性能テストといった大項目レベルでの考慮漏れ
バリエーション不足	操作や境界条件を含む入力値のバリエーションが不足するもの
入力値・期待結果なし	入力値や期待結果の記載がない。
その他	操作や入力値の個別パターンの一部考慮漏れ

重大度	説明
致命的	要件の達成を確認していない(現象分類で「要件確認漏れ」が該当)。
重大	テスト技法の観点から必要なテスト項目に漏れ 標準からの逸脱 (現象分類で「大項目考慮漏れ」「バリエーション不足」「入力値・期待値なし」が該当)
軽微	局所的なテストケースの漏れ、その他(現象分類で「その他」が該当)

(4)　総合見解の考え方

　評価の結果を踏まえ、仕様書のプロダクト品質に関する総合見解をまとめる。重大度が致命的または重大のバグを総称して「重大バグ」と呼ぶ。重大バグを複数件摘出した場合は、プロダクト品質に弱点があると考えるべきである。評価結果サマリーの定量値の傾向分析(4.5節)を実施し、プロジェクトの課題を考察する。また、開発対象のソフトウェアの難易度や開発体制に起因する問題が発生していた場合、以降の開発工程でも同様に問題となることが考えられるので、後工程でのリスクとして実施対策を含めて明確にしておく。

(5)　評価結果詳細の整理

　総合見解の根拠となる確証を整理する。

- 重大バグ(致命的または重大なバグ)があれば、その内容
- 評価結果サマリーの定量値から見える弱点の傾向分析
- リスクと実施すべき対策

第 6 章 ● 設計とテストの仕様書から出来具合を見る

(6) 評価結果報告書のフォロー

　仕様書の評価で摘出した、重大バグに対しては、他にも同種バグが潜在する可能性がある。このため、開発チームによるバグのなぜなぜ分析と水平展開が必須である(BD/FD/DD および UT/IT/ST の工程終了審査基準「2. プロダクト品質②」)。それが終了してはじめて、仕様書の評価に関する審査基準が達成となる。したがって、その施策フォローが必須である。

第 6 章の演習問題

問題 6.1　機能設計(FD)仕様書の評価

　機能設計(FD)仕様書チェックリスト③(表 6.15)にもとづき、グローバルコミュニケーションツールの設定機能の機能仕様(図 6.8)を確認せよ。なお、ツールのイメージ、仕組み、要求仕様については、それぞれ 6.4 節「機能設計仕様書の評価事例」の図 6.2、図 6.3、表 6.7 を参照のこと。

問題 6.2　結合テスト(IT)仕様書の評価

　結合テスト(IT)仕様書チェックリスト⑥(表 6.16)にもとづき、グローバルコミュニケーションツールの設定機能の IT 仕様書(表 6.17)を確認せよ。なお、ツールのイメージ、仕組み、要求仕様については、それぞれ 6.4 節「機能設計仕様書の評価事例」の図 6.2、図 6.3、表 6.7 を、機能仕様は問題 6.1 の表 6.15 を参照のこと。ただし、「認証機能」は演習の対象外とする。

表 6.15　機能設計（FD）仕様書チェックリスト③（表 6.2 より③を抜粋）

No.	カテゴリ	レビュー観点	確認項目	確認日付	結果
	基本項目				
	機能設計（FD）仕様書を確認				
③	機能	機能は、利用者視点で動作が正確に理解できる程度に具体化されているか	画面イメージ、メッセージ、各種条件での機能の振る舞い（例外、異常値を含む）		

グローバルコミュニケーションツールモバイル端末設定機能 FD 仕様

1. 設定画面
(1) チャット画面下部の「設定」を押すと、設定画面に遷移する。
　設定画面は以下のとおり。
　・表示のみ：ID、電話番号
　・編集可能：名前、メールアドレス、使用言語、アバター画像
　　　　　　名前、メールアドレスはテキスト入力ボックスで入力する。
　　　　　　使用言語は、プルダウンメニュー形式で選択する。
　　　　　　アバター画像は、モバイル端末内の画像ファイルから選択する。
(2) 設定画面には「戻る」ボタンがある。
　　このボタンを押すと上記の編集可能な値がツールに設定され、チャット画面に遷移する。
2. ツール初回起動時
(1) 認証画面に自動遷移し、電話番号を入力する。
(2) 電話番号を設定すると、入力した電話番号に認証番号がメッセージで送付される。
　　画面は、認証番号入力画面に遷移する。
(3) 認証番号入力画面で認証番号を入力すると認証完了となり、設定画面に遷移する。
　　使用言語は、モバイル端末のロケール値かデフォルト表示される。
　　アバターには、デフォルト画像が設定される。
　　名前、メールアドレスを入力するまで、設定画面は終了できない。

デフォルト画像

図 6.8　グローバルコミュニケーションツールの FD 設計仕様書（設定機能）

表 6.16　結合テスト（IT）仕様書チェックリスト⑥（表 6.8 より⑥を抜粋）

No.	カテゴリ	レビュー観点	確認項目	確認日付	結果
	基本項目				
	結合テスト（IT）仕様書を確認				
⑥	評価項目	評価項目は、結果を正確に検証できるか	評価項目のシステム状況、入力値、操作方法、期待結果		

第6章 ●設計とテストの仕様書から出来具合を見る

表 6.17　グローバルコミュニケーションツールの IT 仕様書（設定機能）

項番	評価項目	期待結果	実施結果
1	ツール初回起動時		
1.1	認証画面		
1.2	設定画面		
1.2.1	設定画面を開く。	ID: システム設定値、電話番号：認証登録した番号が表示される。名前、メールアドレスは空欄。使用言語は日本語がデフォルト表示、アバターもデフォルト画像が表示される。	
1.2.2	名前、メールアドレスが空欄のまま「戻る」ボタンを押す。	何も起きない。	
1.2.3	名前、メールアドレスを入力し「戻る」ボタンを押す。	チャット画面に遷移する。	
1.2.4	チャット画面で「設定」ボタンを押す。	1.2.3 で入力した名前とメールアドレスが表示される。	
1.2.5	使用言語、アバターを変更し、「戻る」ボタンを押す。	チャット画面に戻る。	
1.2.6	チャット画面で「設定」ボタンを押す。	1.2.5 で入力した使用言語とアバターの図が表示される。	

第7章

実際にソフトウェアを
動作させて確認する

　開発の最終成果物であるソフトウェアとマニュアルは、顧客に提供されるものであり、これらそのものを直接的に評価することは、品質の見極め手段として非常に有効である。なぜなら、これらの指摘は、危険性の指摘ではなく、実際のバグの指摘だからである。本章で解説するソフトウェアの評価は、第三者による顧客視点の評価であることが特徴である。ソフトウェアの評価は、問題があるものを出荷しないための最後の砦であり、その実施結果は、総合テスト(ST)工程審査および出荷可否の判断材料の一つとなる。また、開発チームにとっても、顧客視点の利用方法を客観的に確認できる貴重な機会となる。

第7章●実際にソフトウェアを動作させて確認する

7.1 ▶ ソフトウェアの評価とは

「ソフトウェアの評価」とは、顧客へ提供するソフトウェア開発の最終成果物であるソフトウェアとマニュアルを、開発者とは異なる第三者が顧客視点で評価することである。本章では、「ソフトウェアの評価」という用語を「第三者によるソフトウェアの評価」と定義し、開発チームのテストとは区別して使う。ソフトウェアの評価の目的は、開発した最終成果物が、要求された品質を確保しているかどうかを判定することにある。この評価結果は、総合テスト(ST)工程審査および出荷判定の入力となる。

(1) ソフトウェアの評価の必要性

ソフトウェア品質の判定には、プロセス品質とプロダクト品質の両面からの審査が必須である(1.3節(1))。特に出荷を間近に控えた段階では、実際に顧客へ提供するソフトウェアを動作させて確認するプロダクト品質の評価が欠かせない。その評価方法が、本章で説明するソフトウェアの評価である。ソフトウェアの評価は、顧客の立場に立った顧客視点で実施する。

(2) ソフトウェアの評価は誰が実施するのか

ソフトウェアの評価は、仕様書の評価(第6章)と同様に、直接開発にたずさわっていない第三者が望ましい。第三者とは、当該プロジェクト外、またはプロジェクト内の場合はその成果物の作成に直接たずさわらない方をいう。特に、組織内にPMOやSQAチームが設置されていればその担当者でもよい(3.2節)。第三者とする理由は、開発者が客観的に自分の開発したソフトウェアを評価するのはむずかしいからである。開発者がソフトウェアの評価をすると、客観的に評価したつもりでも、意識せずに自然にバグをよけてしまう。開発者が設計したように顧客が使用するかどうかを実際に確認するためにも、第三者という立場が大切である。ソフトウェアの評価は、評価項目設計や評価システム構築を含め、すべてを第三者が担当する。大規模プロジェクトの場合は、複数人で

188

構成する評価チームを設定することも検討する。

(3)　審査での適用手順

　ソフトウェアの評価は、最終成果物が完成した、総合テスト（ST）工程の終盤の時期に実施する。その評価結果がST工程審査および出荷判定の入力となる。どちらの審査でも、ソフトウェアの評価完了が終了もしくは合格の基準となるため、ソフトウェアの評価において重大バグが摘出された場合は、その重大バグについてバグのなぜなぜ分析と水平展開まで完了していることが必須である。それらがすべて終了したとき、ソフトウェアの評価に関する審査基準が達成となる。

　本章では、ソフトウェアの評価の全ライフサイクルである、評価計画から評価結果の分析までを詳細に説明する。実際の開発現場では、必ずしもこれらすべてを実施する必要はなく、開発内容やプロジェクト規模に応じて柔軟に適用する。最も簡易的な方法は、1人1日程度でマニュアルを読みながらソフトウェアを動作させる方法である。この方法でも、ソフトウェアの評価としては一定の効果がある。

7.2 ▶ ソフトウェアの評価のプロセス

　ソフトウェアの評価は、開発プロセスの終盤に至ってから着手するのではなく、図7.1に示すように、開発開始当初から開発プロセスと並行して遂行することを推奨する。ソフトウェアの評価プロセスの概要を、順に説明する。さらに、その詳細を次節以降で説明する。

(1)　評価の計画

　開発チームが開発計画を策定している段階で、プロジェクト責任者はソフトウェアの評価の実施の有無も判断する。その理由は、ソフトウェアの評価実施の時期が出荷間際のため、実施する場合にはあらかじめその実施期間を確保す

第 7 章 ● 実際にソフトウェアを動作させて確認する

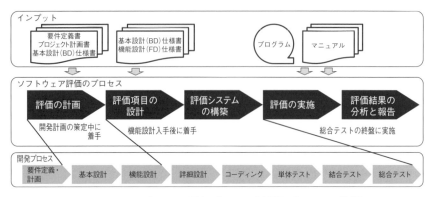

図 7.1　ソフトウェアの評価プロセスと開発プロセスの関係

る必要があるからだ。評価計画では、要件定義書やプロジェクト計画書を参考に、評価リソースを踏まえて評価方針と評価対象範囲を定める。これらの計画内容は、開発チームと共有する。評価計画は FD 工程の完了までにまとめる。

(2) 評価項目の設計

BD 仕様書、FD 仕様書をもとに、評価計画に従って、顧客での利用方法を念頭に置き、顧客視点の評価シナリオの設計、評価項目の抽出を行う。さらに、評価項目の実施方法や手順を設計する。

(3) 評価システムの構築

評価システムとして、評価の実行に必要なハードウェア、ソフトウェアを準備し、評価システムを構築する。

(4) 評価の実施

開発チームが実施する総合テストが終了、もしくは終盤に至った段階で、評価を実施する。評価対象は、必要な修正が完了した最終版のソフトウェアとマニュアルである。

（5） 評価結果の分析と報告

　摘出したバグの内容や傾向を分析し、顧客へ提供するソフトウェアとマニュアルが、要求された品質を確保しているかを判定する。その結果を受けて、開発チームでは、摘出バグの修正に加えて、必要な品質向上施策を実施する。特に重大バグは、バグのなぜなぜ分析と水平展開（第5章）を実施する。これらがすべて終了したとき、ソフトウェアの評価に関する審査基準が達成となる。

7.3 ▶ 評価の計画

　開発チームの開発計画を踏まえてソフトウェアの評価計画をまとめる。ソフトウェア評価計画書の構成を**図7.2**に示す。計画立案では、評価対象ソフトウェアと評価リソースの両面から検討する必要がある。評価対象ソフトウェアの開発のねらいを念頭に置き、評価リソースを踏まえて、評価可能範囲を見極め、具体的な評価方針、管理方法を定める。

　以下に、図7.2に示す構成に従って、ソフトウェアの評価計画として整理すべき事項について説明する。

（1） 評価対象ソフトウェアの開発概要

　ソフトウェアの評価を実施する第三者の視点で、評価対象ソフトウェアの開発概要を整理し、開発のねらいを客観的に把握する。開発計画書の他、要件定義書、BD仕様書を参照し、以下の項目を整理する。

- 開発計画の概要（開発スケジュール、開発規模、開発難易度など）
- 開発のねらいと最終成果物（ソフトウェアやマニュアル）
- 開発チームの条件（スキルレベル、構成要員など）

第7章 ● 実際にソフトウェアを動作させて確認する

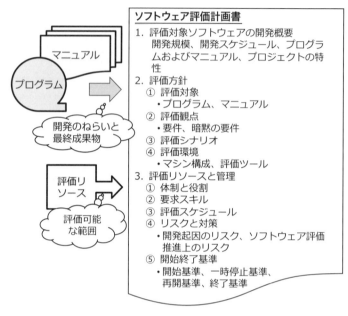

図7.2　ソフトウェア評価計画書の構成

（2）評価方針

　上記(1)の内容を踏まえ、評価リソースを念頭に置き、ソフトウェアの評価の対象範囲、評価観点、評価の方法の方針を決定する。具体的に検討すべき項目は次のとおりである。

① 評価対象

　評価対象ソフトウェアとマニュアルのうち、ソフトウェアの評価を実施する対象と範囲を示す。対象プロジェクトの工程審査の状況を把握しておき、ソフトウェアの評価の重点と優先順位付けの参考にする。なお、評価対象ソフトウェアが利用するソフトウェアにライセンスの制約があるなど、ソフトウェアの評価に影響する条件がある場合を除き、評価対象ソフトウェア全体を対象とする。

② 評価観点

　機能要件、非機能要件のうち、評価対象とする要件の範囲を示す。あらかじめ情報入手した要件ごとの顧客優先度に加えて、ソフトウェアの評価のリソースである評価環境、日程、要員スキルおよび工数に起因する制約を加味し、評価対象とする要件を選択する。

　また、最終成果物として具備すべき品質レベル達成のため、非機能要件とは別に、特に重点を置いて評価すべき品質特性を暗黙の要件として検討する。たとえば、信頼性、性能効率性、使用性、セキュリティは、自明の事柄として要件に挙げられないケースもあるので、追加すべき確認観点の候補である。**表7.1** のように、品質特性ごとの観点と条件を具体的に挙げておく。

③ 評価シナリオ

　シナリオとは、顧客での利用シーンを想定し、機能を組み合わせた連続的な操作をいう。ソフトウェア評価計画段階では、シナリオを設計する際に考慮すべきアクター(システムにかかわる人物もしくは役割、関係するシステム)と利用シーンを示す。アクターには、システム構築者、システム管理者、利用者、利用シーンにはシステム構築、システム初期設定、利用局面がある。

④ 評価環境

　ソフトウェアの評価の評価環境として必要なハードウェア、ネットワーク、OS、ミドルウェアの構成と評価ツールを示す。

(3) 評価リソースと管理

　スケジュールを含め、評価リソースとして明確にしておくべき項目は次のとおりである。

表7.1　暗黙の要件の例

品質特性	確認観点	達成条件
性能効率性	翻訳結果の表示、非表示切り替え時間	手動での計測限界以下
使用性	利用者インタフェース	OS 提供元の定めるアプリケーションの指針に準拠していること

第 7 章 ● 実際にソフトウェアを動作させて確認する

① 体制と役割

　管理者、遂行者について、おのおのの役割を個人名で示す。評価遂行を他社委託する場合は、委託元と委託先の分担を調整しておく。

② 要求スキル

　評価実施に要求されるスキルを示す。

③ 評価スケジュール

　評価実施時期と期間は、開発日程上の考慮が必要であるため、開発計画立案の完了まで待たず、開発計画時に調整しておく。実施時期は総合テストの終盤から終了後で、実施期間は最大でも 2 ～ 3 週間以内が妥当である。

　評価スケジュールは、開発チームの ST がすべて終了した後に設定することを推奨する。ただし、短納期の開発プロジェクトのように、この日程での実施がむずかしい場合は、開発チームが ST を実施している期間に、並行して実施することを検討する（後述の表 7.2 の開始基準②を参照）。

　評価スケジュールは、FD 仕様書の入手後、評価項目設計に着手し、開発チームの結合テスト完了の頃には評価実施方法の設計を完了させる段取りとなる。その際、要員スキルを踏まえてトレーニングのスケジュールも加味しておく。

④ リスクと対策

　開発チームの開発状況や、ソフトウェアの評価の進捗に起因するリスクを記述する。また、そのリスクに対して、評価範囲変更、評価項目の追加や削除、スケジュール見直しといった対策を検討しておく。

⑤ 評価遂行基準

　ソフトウェアの評価は、評価を円滑に遂行するために、評価の開始と終了の判断の他、評価期間中のバグの摘出状況に応じて、評価の継続と中断を判断する必要がある。そのために、ソフトウェア評価の開始基準、一時停止基準、再開基準、終了基準の 4 つを設定しておく（表 7.2）。また、問題検出時の手順（7.6 節 (2)）を決め、開発チームと合意しておく。これにより、実際のソフトウェア評価の場面で問題解決の時間短縮を図ることができる。

7.4 ● 評価項目の設計

表7.2　評価遂行基準一覧(例)

基準	基準の意味	条件
開始基準	第三者によるソフトウェアの評価を開始する基準	以下のいずれかに該当する場合とする。 ①開発チームの総合テストが完了し、評価対象のソフトウェアとマニュアルがそろっている。 ②第三者によるソフトウェア評価の評価シナリオが実行可能な品質レベルにある。具体的には、バグを含む未解決問題の総数が10件以内、かつ、それらの回避策が明確であり、第三者によるソフトウェア評価の遂行を妨げる問題がない。
一時停止基準	対象ソフトウェアの品質レベルが低いために、第三者によるソフトウェアの評価を一時停止する基準	以下のどちらかに該当する場合とする。 ①致命的バグを1件以上摘出 ②重大バグを5件以上摘出
再開基準	対象ソフトウェアに対して品質向上施策を実施し、第三者によるソフトウェアの評価を再開する基準	一時停止基準の原因となったバグに対して、バグのなぜなぜ分析と水平展開が完了している。
終了基準	第三者によるソフトウェアの評価を終了する基準	以下をすべて満たした場合とする。 ①第三者によるソフトウェア評価の評価項目がすべて実施完了している。 ②すべての致命的および重大バグに対するバグのなぜなぜ分析と水平展開が完了している。

7.4 ▶ 評価項目の設計

　ソフトウェアの評価は、顧客視点での評価である。このため、顧客での利用シーンを想定したシナリオにより評価する。複数のシナリオを一連の連続的な利用方法としてまとめたものを評価シナリオという。評価シナリオは、システム全体を対象とする。必ずしも機能の面での評価網羅度の高さをねらう必要はなく、むしろ、顧客の利用頻度や必要度合いを踏まえた内容とする。手順どおりに評価項目を設計する時間的な余裕がない場合は、想定する顧客での運用を開発チームからヒアリングし、評価シナリオとして整理することも考える。

　評価項目の設計は、シナリオの作成、複数シナリオを一連の流れとする評価シナリオの設計、評価シナリオの個々の評価項目の作成、評価シナリオのバリエーションの追加という順序で進める。

195

（1）　シナリオの作成

第6章で用いたグローバルコミュニケーションツールを例に、シナリオ作成の手順を説明する。

①　要件のマトリクスの作成

機能要件（横軸）と、非機能要件＋暗黙の要件（縦軸）のマトリクスを作成する（図7.3）。横軸と縦軸が密接に関係する部分に○を付ける。

②　シナリオの設計

評価計画時に整理したアクター、利用シーンを踏まえて、要件のマトリクスの○を網羅するよう、シナリオを整理する。このとき、ソフトウェアにかかわるアクターと、利用シーン場面に分けてシナリオのパターンを整理し、効率を考慮しつつ要件を網羅するよう設計することを心掛ける。

図7.4は、適用事例であるグローバルコミュニケーションツールのシナリオ設計例である。要件のマトリクスの機能要件（横軸）は、アクターを意識した要件整理をしており、①と②と③は利用者の機能要件、④は運用管理者のための機能要件である。また、非機能要件＋暗黙の要件（縦軸）は、利用シーンを意識して整理する。この事例では、縦軸の⑤と⑥はいずれも主に利用者の機能に対

		機能要件					
		1-1	1-2	2-1	2-2	2-3	3-1
非機能要件＋暗黙の要件	4-1	○		○		○	
	4-2	○		○			
	5-1				○	○	
	6-1				○		
	A-1						○
	B-1						○
			○				

図7.3　要件のマトリクス

7.4 ●評価項目の設計

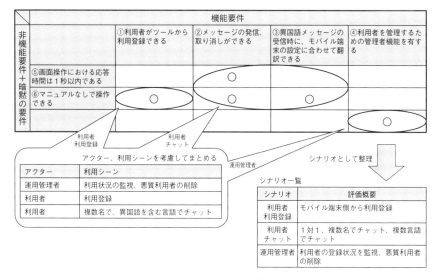

図 7.4　シナリオの設計例

する要件である。横軸と縦軸の関連部分に○を付け、その○を組み合わせてシナリオを作成する。シナリオは、評価の効率を考え、最低限必要な部分に留めて組み合わせている。作成したシナリオは、図 7.4 の右下に示すシナリオ一覧のとおりである。

（2）　評価シナリオの設計

作成したシナリオを、一連の連続的な操作にまとめて評価シナリオを作成する。一般的には、図 7.5 に示すように、構築から運用までの利用シーンとアクターを考慮し設計する。

（3）　評価項目の作成

評価シナリオを構成する個々の評価項目を作成する。表 7.3 に示すように、評価項目では、必ず操作前の状態、入力値、操作、期待結果を具体的に明示する。

第 7 章 ● 実際にソフトウェアを動作させて確認する

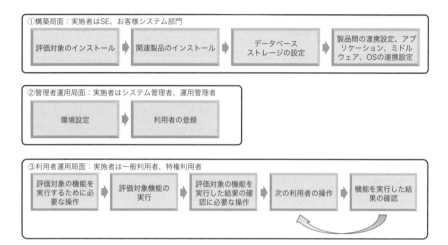

図 7.5　評価シナリオの設計例

表 7.3　評価項目の例

項番	評価項目	期待結果	実施結果
1	運用管理者		
1.1	利用者 1 件の削除		
1.1.1	利用者一覧画面で、登録されている利用者が 20 件の時、ID：JA01010101 を画面上で選択し「削除」ボタンを押す。	利用者削除画面（参照先：運用管理機能仕様書）がポップアップし、左記 ID と利用者名：翻訳太郎が表示される。利用者一覧画面は操作できない。	
1.1.2	利用者削除画面で「削除」ボタンを押す。	削除確認画面に項番 1.1.1 の ID と利用者名と"この利用者を削除しますか？"と表示される。	
1.1.3	削除確認画面で「OK」ボタンを押す。	削除確認画面が消え、利用者一覧画面に制御が戻る。利用者一覧画面には、削除前の先頭 ID から ID：JA01010101 を除く 20 件が表示される。	
⋮	～～	～～	
3.3	CPU 利用率 90％を超える負荷状況での利用者を検索		
3.3.1	利用者が 10,000 件登録されているとき、利用者一覧画面で「検索」リンクをクリックする。	利用者削除画面（参照先：運用管理機能仕様書）がポップアップする。利用者一覧画面は操作できない。	
⋮			

7.4 ● 評価項目の設計

　また、評価項目の作成と合わせて、評価項目に対応したテスト用のデータも設計する。表7.3の項番3.3.1に示す「利用者が10,000件」のように、評価実施に際しデータベース上にあらかじめ設定しておかなければならないデータもあるので、これらについても設計する。

（4）　バリエーションの追加

　続いて、評価シナリオをもとに評価のバリエーションを追加する。評価のバリエーションとは、評価シナリオの動作環境、データ、システムの状態、障害の発生などの条件を変化させたものをいう。その際に考慮すべき要素を説明する。

① 　構築局面のバリエーション

　ハードウェア、ネットワーク、OS、ミドルウェア、ブラウザといった環境、新規インストールとマイグレーション、異なる言語を含む条件のバリエーションを考慮する。これらは管理者運用シナリオ、利用者運用シナリオでも考慮すべき要素である。

② 　管理者運用局面のバリエーション

　ログイン権限の有無、JISやUTF-8といった文字種、特殊文字、限界値の設定や入力条件のバリエーションを考慮する。

③ 　利用者運用局面のバリエーション

　トランザクション量やデータ量によるシステム負荷、繰り返し操作や画面遷移のようなシナリオ全体へ影響する状態や時系列の変化を考慮する。また、機能実行の前操作や後操作で利用者が一般的に使用する操作を考慮する。機能実行中においては、外的イベントとしてハードウェアやネットワークの障害、ディスク容量オーバー、脆弱性攻撃、利用者による機能中断操作といった条件のバリエーションを考慮する。

　なお、バリエーションの組合せは多岐にわたるため、要素を洗い出し、利用頻度を踏まえて組合せを絞り込む。ソフトウェアの評価は、要素の全組合せといった詳細機能の網羅度を上げることよりも、顧客視点の品質見極めを目的と

第 7 章 ● 実際にソフトウェアを動作させて確認する

していることを念頭に置いて設計することが大切である。

さらに、対象プロジェクトの開発途中の工程審査結果から想定される品質の面の弱点を加味する。過去の知見を考慮に入れてバリエーションを追加することも有効である。筆者の経験にもとづく過去の知見の例を**表7.4**に示す。

（5） 評価実施方法の設計

設計した評価項目の意味を損なわず、効率的に実施する方法を設計する。再実行、再利用を念頭に置き、繰り返し評価できるよう自動化を推奨する。さらに、実施結果の検証において曖昧さが排除できること、評価システムのバックアップと再インストールが容易であることを考慮すべきである。

また、ツール活用により、評価項目の手動操作を最小化する。ツールで効率化可能な点には、バッチ処理、スクリプト、スケジューリング、データ自動生成、GUI の手動操作のシミュレートが挙げられる。また、確実な結果判定のため、実施結果の保存と正解値データとの照合による結果の自動判定はツール

表7.4　過去の知見にもとづくバリエーションの追加例

カテゴリ	弱点要素	シナリオへの追加例
機能	メッセージ表示	入力欄を超える文字列の入力
	帳票・プリント出力	印字内容の妥当性
	インストーラ	アップグレード、上書きインストール
	ログ	ログ出力内容の妥当性
データ・システムの状態	文字コード	文字種混在、想定外のコード
	時刻・カレンダー	日、月、年を跨ぐデータを扱う処理
	本番環境を意識したデータ	「aaa」、「あいう」といった疑似データではなく、利用者の実運用で想定されるデータ
運用	障害回復	エラー発生後の再実行
	セキュリティ	ログイン後画面の URL をブラウザで直打ち
	起動・停止、再起動	連続操作だけでなく、終了し再起動後に操作
	定期処理	日次、月次、年次処理
GUI	画面制御	モーダル、画面リサイズの確認
	キーボード	マウス操作ではなく、キーボードで操作

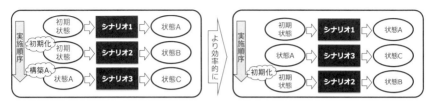

図 7.6　評価実行時の工夫例

に盛り込んでおきたい。

　なお、インストーラの操作や、ハードウェア障害系のエラー発生は、自動化の困難な部分であり、手動操作の効率化と合わせて、実施のタイミングを考慮する。たとえば、図 7.6 に示すようにシナリオの実施順序を組み替えることで効率化できることもある。

7.5 ▶ 評価システムの構築

　実際にソフトウェア評価を実施するためには、その実行環境が必要である。その実行環境を評価システムと呼ぶ。評価システムの構築に際し、まずは、評価対象ソフトウェアに必要なハードウェア、関連ソフトウェアおよびバージョンを確認する。これらを準備した評価システムの構築が可能であることを確認する。また、その環境が顧客の利用環境に当てはまるのかの確認も大切である。そのうえで、設計した評価シナリオの実施が可能であることを確認する。評価システムの再利用を念頭に、具体的な構築手順を手順書としてまとめておく。その手順は以下のとおりである。

　① 　ハードウェア、ネットワークの構成と設定
　② 　関連ソフトウェアのインストールと初期設定
　③ 　評価ツールの実行に必要なソフトウェアがある場合は以下を実施
　　・評価ツールのインストールと設定
　　・評価システム構築手順書に従い構築

第 7 章 ● 実際にソフトウェアを動作させて確認する

7.6 ▶ 評価の実施

（1） 評価の開始

　ソフトウェアの評価の開始にあたっては、開始基準を満足していることを確認する（表 7.2）。特に、開発チームの ST が完了していない段階での評価開始の場合（表 7.2 の②の条件）、ソフトウェアの評価が遅滞なく遂行できる品質状況にあるかを事前に確認しておく。その際、評価を遅滞なく進めるために、当該時点の制限事項や回避策を明確にしておくことが大切である。これは、開発チームでの品質問題に巻き込まれ、ソフトウェアの評価の進捗に影響が及ぶことを避けるためである。

（2） 問題の指摘とフォロー

　ソフトウェアの評価を遅滞なく遂行するには、開発チームとの連絡を密にとることが必要である。問題として指摘すべき点を見つけたら、遅滞なく関係者に連絡する。具体的には、個々の指摘内容を開発チームと共有可能な管理表に記載する。その際、発生した現象だけでなく、問題発生に至る手順も記録しておくと、問題解決の一助となる。また、特に暗黙の要件に関する指摘は、開発者との認識の乖離が生じやすいので、問題点ははっきりと伝える。

　そして、指摘事項に対する開発チームからの回答内容により、評価者はその後の対応を判断する。その処理の流れを図 7.7 に示す。

- 指摘した問題が「バグ」であり、「修正」した場合、修正物件を入手後再評価し、問題が解決していることを確認する。
- 指摘した問題が「バグ」だが、今回は「制限事項」とする場合は、開発チームとソフトウェア評価者の合意を要する。
- 指摘した問題が「仕様どおり」である場合は、開発チームとソフトウェア評価者が仕様どおりである旨の合意を要する。

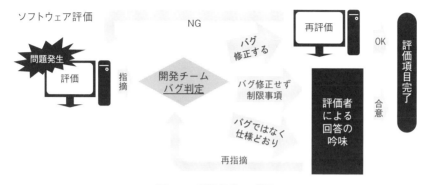

図 7.7　問題解決の手順

(3)　評価の見直しと終了

　作成した評価項目はすべて実施する。ただし、評価遂行や品質の状況により、品質レベルの見極めのため、評価項目の実施より問題の摘出を優先させることも視野に入れておく。具体的には以下のような対応を検討する。

　バグが摘出されている場合、弱点をあぶり出すため、摘出したバグの傾向や内容を踏まえ、同種バグの摘出をねらった評価項目を追加、あるいは、アドホック評価を実施する。

　また、ねらったようなバグが1件も摘出されない場合は、評価の重点の見直し、評価範囲の広域化により評価項目を変更・追加し、品質弱点を特定する。

　致命的バグや重大バグが摘出された場合は、闇雲に評価を継続するのではなく、一時停止基準および再開基準に従って対応を判断する（表7.2）。また、評価の終了は、終了基準に従って判断する。

7.7 ▶ マニュアルの評価

　マニュアルの評価とは、各種の利用者向け説明書を読み、内容の妥当性、必要十分性、ソフトウェアとの一致を確認することである。この評価では、マ

第7章●実際にソフトウェアを動作させて確認する

ニュアルの特性に応じた観点で確認を行う。正確性、一貫性、読みやすさの観点での確認は、オペレーションマニュアル、リファレンスマニュアル、インストールマニュアルの他、どのような種類のマニュアルでも必要である。

オペレーションマニュアル、インストールマニュアルでは、ソフトウェアとマニュアルの整合の確認が必要である。画面のインタフェースがソフトウェアとマニュアルで一致しているか、マニュアルのとおりに操作したとき、動作がマニュアルと一致しているかといった観点で確認する。

また、紙媒体、電子媒体を問わず、マニュアルは顧客の目に触れるものであり、記載内容の妥当性は当然ながら、体裁にも気を配る必要がある。

以下にマニュアルチェックリスト（**付録A.2.7**）に沿って、チェック内容を説明する。

（1）　マニュアルを確認

マニュアルの体裁に関するチェックリストを表7.5に示す。

① 組織で定める様式に従い、記載項目がすべて記載されているか

目次、用語解説、索引、図表番号の付け方を含め、マニュアルの記載ルールに則って記載されているか、使用しているテンプレートは最新版か、未稿や空欄がないかなど、様式と記載項目について確認する。

② 記載内容は正確で読みやすく、解釈が一意となる語句や表現か

仕様書と同様に、マニュアルでも下記に示す語句や表現についての注意事項の遵守が必須である。これらが守られていない場合、読み手により解釈が異なる可能性があるので、記載の修正が必要である。

- 日本語として文法的に正しく、内容が理解できる。
- 範囲や条件が曖昧とならないよう、「〜など」、「〜ことがある」の表現は避ける。同様に、「正しい〜」、「不正な〜」といった抽象表現も避け、必ず正常値や不正値として具体的な値を定義する。
- 同じ事柄が複数の言い方で表現されることを用語の揺れと呼ぶが、この用語の揺れがなく統一された用語を使用している。

204

7.7 ● マニュアルの評価

表7.5　チェックリスト(1)　マニュアルを確認

No.	カテゴリ	レビュー観点	確認項目	確認日付	結果
	基本項目				
	マニュアルを確認				
①	マニュアル全般	組織で定める様式に従い、記載項目がすべて記載されているか	目次、用語解説、索引、図表番号の付け方		
②		記載内容は正確で読みやすく、解釈が一意となる語句や表現か	用語の揺れ、曖昧な記載、日本語としての理解性		
③	目次	項以上の目次がすべて記載されているか			
④		目次の表記と実際のページが合っているか			
⑤		章立ては読みやすい構成で、章・節・項の分け方は適切か	章・節・項の3階層以内		
⑥	本文	本文の記載様式、記載内容は一貫しているか			
⑦		本文中で参照する図表や図表番号、章・節・項の分け方は正確か	図、表、章・節・項、用語解説、電子マニュアルであればリンク		
⑧	メッセージ	表示されるすべてのメッセージの意味と解説が記載されているか	メッセージ、ワーニング、エラー		
⑨		メッセージの意味と解説は正確か			
⑩	用語解説	サービス、システム、プログラム固有の用語について、すべて説明があるか			
⑪		用語解説の記載内容は正確か			
⑫	索引	索引に主要な用語が記載されているか			
⑬		索引の付け方、ページは正確か			
⑭		索引の付け方は一貫しているか			

- 「である調」、「ですます調」が混在していない。

③　項以上の目次がすべて記載されているか

　目次と内容の整合がとれているかを確認する。

④　目次の表記と実際のページが合っているか

　機械的な生成であれば通常はページが合うはずだが、ツール操作ミスなどによりずれることもあるので、念のために確認しておく。

⑤　章立ては読みやすい構成で、章・節・項の分け方は適切か

　章・節・項の3階層以内に収まっているか、機能や利用シーンに即した構成となっているか、重複や偏りはないかを確認する。

⑥　本文の記載様式、記載内容は一貫しているか

　同じ機能についての説明が異なる、機能間で記載の詳細度が異なるといった

205

記載内容の一貫性の欠如がないか確認する。

⑦ **本文中で参照する図表や図表番号、章・節・項の分け方は正確か**

図、表、章・節・項、用語解説、電子マニュアルであればリンクについて、相互の参照が合っているかを確認する。これらも目次や索引と同様、機械的な生成であれば通常は合うはずだが、ツール操作ミスによりずれることもあるので、念のために確認しておく。

⑧ **表示されるすべてのメッセージの意味と解説が記載されているか**

一般のメッセージの他、ワーニングやエラーについても、説明が網羅されているかを確認する。

⑨ **メッセージの意味と解説は正確か**

一般のメッセージの他、ワーニングやエラーについても、説明が妥当かどうかを確認する。

⑩ **サービス、システム、ソフトウェア固有の用語について、すべて説明があるか**

利用者の業務とは別に、サービス、システムやソフトウェアの都合で必要となる固有の用語について、すべて解説されているかどうかを確認する。

⑪ **用語解説の記載内容は正確か**

用語の解説が正確に記載されているかを確認する。

⑫ **索引に主要な用語が記載されているか**

索引として掲載すべき用語が盛り込まれているかを確認する。

⑬ **索引の付け方、ページは正確か**

目次と同様、機械的な生成であれば通常はページが合うはずだが、ツール操作ミスなどによりずれることもあるので、念のために確認しておく。

⑭ **索引の付け方は一貫しているか**

小項目の索引がある一方で、大項目の索引に抜けがあるといった索引の一貫性の欠如が見られないかどうか確認する。

（2） プログラムとマニュアルを照合

プログラムとマニュアルを照合することにより、両者の整合がとれているかを確認する（**表 7.6**）。

⑮ 記載内容とソフトウェアの動作は整合がとれているか

マニュアルの記載内容と実際のソフトウェアの動作を照合する。マニュアルとソフトウェアで差異がある場合は、どちらが正しいかを確認する。

⑯ 記載内容とソフトウェアの画面、メッセージに相違はないか

マニュアルに記載されている画面やメッセージが実際のソフトウェアのものと合っているかを確認する。マニュアルとソフトウェアで差異がある場合は、どちらが正しいかを確認する。

（3） レビュー記録票とマニュアルを照合

マニュアルにおいても、マニュアルに対する開発チーム内のレビュー記録票にある指摘事項の反映を確認する（**表 7.7**）。

表 7.6　チェックリスト（2）　プログラムとマニュアルを照合

No.	カテゴリ	レビュー観点	確認項目	確認日付	結果
	基本項目				
	プログラムとマニュアルを照合				
⑮	本文	記載内容とプログラムの動作は整合がとれているか			
⑯		記載内容とプログラムの画面、メッセージに相違はないか			

表 7.7　チェックリスト（3）　レビュー記録票とマニュアルを照合

No.	カテゴリ	レビュー観点	確認項目	確認日付	結果
	基本項目				
	レビュー記録票とマニュアルを照合				
⑰	レビュー結果	レビュー指摘事項はすべてマニュアルに反映されているか	バグ指摘		
⑱		マニュアルへの反映結果は、指摘事項の問題を正しく解決しているか	解決方式		

第 7 章 ● 実際にソフトウェアを動作させて確認する

⑰　レビュー指摘事項はすべてマニュアルに反映されているか

　レビューで指摘した事項のうち、修正すべき事項が漏れなく反映されているかを確認する。

⑱　マニュアルへの反映結果は、指摘事項の問題を正しく解決しているか

　マニュアル上で改訂された内容が妥当かどうかを確認する。修正内容がレビューアの指摘の意図を踏まえているか、部分的な解決となっていないかを確認する。

7.8 ▶ 評価結果の分析と報告

（1）　評価結果報告書の作成

　ソフトウェアの評価の結果は、評価結果報告書としてまとめる。評価結果報告書の構成を表 7.8 に示す。このうち、「1.2　評価結果サマリー」、「1.3　総合見解」、「2.評価結果詳細」について以下に詳細に説明する。

（2）　評価結果サマリーの考え方

　表 7.9 に、評価結果サマリーの例を示す。評価対象をサンプリングで抽出している場合は、サンプリング抽出の考え方を示しておく。また、ソフトウェアとマニュアルに分けて、指摘件数とバグの内訳を示す。

表 7.8　評価報告書の構成

1. 概要	2. 評価結果詳細
1.1　評価対象および観点	2.1　指摘項目一覧
1.2　評価結果サマリー	2.2　傾向分析
評価対象	2.3　想定されるリスク
指摘件数の内訳	3. 依頼事項
バグ件数の内訳	3.1　実施すべき対策
1.3　総合見解	3.2　結果の報告
	付録

7.8 ● 評価結果の分析と報告

表7.9　評価結果サマリー（ソフトウェアとマニュアルの評価の例）

評価項目数

評価対象	評価予定項目数	評価実績項目数	サンプリング
管理者機能	200	200	開発難易度を踏まえ、サーバ側の管理者側の機能と、モバイル端末の着信時の関連機能を抽出
翻訳機能	21	21	
メッセージ着信	104	104	
メッセージ送信	22	22	
合計	347	347	

指摘件数の内訳（ソフトウェア）

ソフトウェア指摘件数	合計	バグ		SIミス	改善事項	仕様どおり	不明
		新規	既知				
管理者機能	7	1	0	0	2	2	2
翻訳機能	3	0	0	1	1	1	0
メッセージ着信	8	0	1	0	4	2	1
メッセージ送信	1	0	0	0	0	1	0
合計	19	1	1	1	7	6	3

バグの内訳（ソフトウェア）

ソフトウェアバグ現象分類	合計	要件未達成	システムダウン・脆弱性等	動作不正	表示誤り	その他
管理者機能	1	0	1	0	0	0
翻訳機能	1	0	0	0	1	0
メッセージ着信	1	0	0	0	1	0
メッセージ送信	0	0	0	0	0	0
合計	3	0	1	0	2	0
重大度		1		0		2
		致命的		重大	軽微	

指摘件数の内訳（マニュアル）

マニュアル指摘件数	合計	マニュアルバグ	改善事項	仕様どおり
取扱説明書	6	3	1	2
操作説明書	7	3	4	0
合計	13	6	5	2

バグの内訳（マニュアル）

マニュアルバグ現象分類	合計	機能説明欠落	プログラム・マニュアル不一致	記述誤り	その他
取扱説明書	2	0	1	1	1
操作説明書	1	0	0	1	2
合計	3	0	1	2	3
重大度		0	1		5
		致命的	重大	軽微	

第 7 章 ● 実際にソフトウェアを動作させて確認する

ソフトウェアバグおよびマニュアルバグの現象分類と重大度の定義を**表 7.10**および**表 7.11** に示す。

表 7.10　ソフトウェアのバグの現象分類と重大度の定義

現象分類	補足
要件未達成	機能要件を実現する機能が実装されていない。
システムダウン・脆弱性	非機能要件が達成されていない。 システムダウン、データ破壊、セキュリティ脆弱性の発生
動作不正	動作が設計どおりでない、演算結果が正しくない。
表示誤り	画面の表示乱れ、誤字脱字、不適切な表示やメッセージ表現がある。
その他	その他

重大度	説明
致命的	要件の実装が漏れている、もしくは要件が達成できない(現象分類で「要件未達成」が該当)。
重大	機能の動作や結果が正しくない(現象分類で「システムダウン・脆弱性」、「動作不正」)が該当)。
軽微	表示の間違い、その他(現象分類で「表示誤り」、「その他」)が該当)

表 7.11　マニュアルのバグの現象分類と重大度の定義

現象分類	補足
機能説明欠落	機能の位置付けや操作方法の説明がなく、理解できない。
ソフトウェア・マニュアル不一致	図や説明がソフトウェアと一致していない。
記述誤り	黒潰れ / 白飛びといった不鮮明な画像がある。 一般用語や製品固有用語でない用語が使われている。 誤字脱字がある。
その他	その他

重大度	説明
致命的	機能の説明がない(現象分類で「機能説明欠落)が該当)。
重大	記載内容がソフトウェアと異なる(現象分類で「ソフトウェア・マニュアル不一致」、「記述誤り」が該当)。
軽微	記述の間違い、その他(現象分類で「その他」)が該当)

（3） 総合見解の考え方

　評価の結果を踏まえ、最終成果物の品質に関する見解をまとめる。このソフトウェアの評価は、開発チームによる開発作業がすべて終了した後で実施されるため、ここでバグが摘出される場合は、顧客でも同様にバグが発生する危険性があると考えるべきである。特に重大バグが複数件摘出された場合は、まだ他にも重大バグが潜在していると考えて、開発チームがバグのなぜなぜ分析と水平展開を実施する。また、評価結果サマリーの定量値の傾向分析（4.5 節）を実施し、品質弱点の傾向を把握したうえで、品質向上施策を実施する必要がある。これらの対策を実施しなければ、審査基準は達成とはならない。

（4） 評価結果詳細の整理

　上記の総合見解の根拠となる確証を整理する。また、下記のような次回のプロジェクトへフィードバックすべき事項があれば、それも明確にする。

- 重大バグがあれば、その内容
- 評価結果サマリーの定量値の傾向分析
- リスクと実施すべき対策

第 7 章の演習問題

問題 7.1　評価シナリオのバリエーションの追加

　グローバルコミュニケーションツール（6.5 節（1））に対し、ソフトウェアの評価を行うことになった。そこで、評価シナリオの設計のため、開発チームにヒアリングしたところ、下記の状況が判明した。

- S 社、T 社に開発を委託しており、いずれも過去のプロジェクトで共同開発を経験している。

第 7 章 ● 実際にソフトウェアを動作させて確認する

- 管理者機能の開発を担当する S 社は、FD 工程の完了後、リーダーを除く開発要員がすべて入れ替わっている。
- モバイル端末機能のうち、翻訳のサービスとの連携部分の開発を担当する T 社は、Z 社クラウドサービスでの開発スキルを有するが、モバイル端末に関するスキルは未知数である。

それぞれの状況から、ソフトウェア内に作り込みがちなバグを想定し、評価シナリオのバリエーションとして、どのような点を考慮したバリエーションを追加すればよいか、**7.4 節**「評価項目の設計」を参考に検討せよ。

問題 7.2　指摘に対する回答の是非の判断

グローバルコミュニケーションツールのソフトウェアの評価を行い、開発チームに問題点を指摘したところ、いずれも仕様どおりとの回答であった。

- 性能効率性の問題指摘：「メッセージサーバーは、いったん停止すると再起動に 20 分以上もかかる」

開発者の見解：「要件に起動時間の要求はない。また、起動に時間がかかっても、保守停止時間に加味しておけば、利用上の問題はない」

- 機能要件の問題指摘：「"モバイル端末の設定に合わせて翻訳できる"とあるのに、端末のロケール設定に従わず、ツール内で使用言語を設定している」

開発者の見解：「現仕様をお客様に提示しご確認いただいており、この仕様で問題ない」

それぞれの回答の納得性から、回答を受け入れるべきか、差し戻すべきか、おのおのの対応について考えよ。

付　録

....

審査基準・チェックリスト・帳票類

....

A.1.　審査基準
A.2.　チェックリスト
A.3.　帳票類

　付録には本書で解説した審査基準・チェックリスト・帳
票類を掲載する。これらは日科技連出版社のホームページ
からダウンロードできる。
　　http://www.juse-p.co.jp/

付録 ● 審査基準・チェックリスト・帳票類

A.1.1　プロジェクト計画審査基準

カテゴリ		審査観点	審査指標	合格基準値	実績値	判定結果
1 見積りの妥当性						
①	開発規模	・開発要件から、開発規模が適切に見積もられているか ※開発要件をできるかぎり詳細化し、詳細化された要件ごとに規模を見積もり積算する	・開発規模見積り率 ※開発規模見積り率＝(見積り済開発要件数 / 全開発要件数)× 100	100%		
②	工数	・開発規模と組織などの基準をもとに、工数が適切に見積もられているか	・基準乖離率 ※基準乖離率＝(見積り工数 / 基準工数－1)× 100	しきい値内		
③	工期	・工数、WBS、開発人数をもとに、工期の適切性を確認しているか	・工期の適切性確認率 ※工期の適切性確認率＝(工期の適切性を確認した工程数 / 全工程数)× 100	100%		
④	定量データ	・組織などの基準をもとに、工程ごとの目標値を設定しているか ※工程ごとの目標値とは、工数(設計開発工数、レビュー工数)、バグ数、テスト項目数をいう	・基準乖離率 ※基準乖離率＝(目標値 / 基準値－1)× 100 ※全目標値に対して、基準乖離率を確認する	しきい値内		
2 作業計画の妥当性						
①	WBS 化	・実施すべき作業を、適切な詳細度でWBS 化しているか	・WBS 化率 ※ WBS 化率＝(WBS 化した作業数 / WBS 化すべき全作業数)× 100	100%		
②	レビュー計画	・各成果物のレビュー計画を立案したか ※工程ごとの全成果物に対してレビュー計画を立案する ※レビュー計画には、実施時期およびレビューアを明記する	・レビュー計画立案率 ※レビュー計画立案率＝(立案済の成果物数 / 全成果物数)× 100	100%		
③	テスト計画	・実施すべきテストの種類を挙げ、テストごとにテスト計画を立案したか ※実施すべきテストには、性能や負荷テストの非機能要件のテストを含む ※テスト計画には、テスト方針、テスト環境の準備を明記する	・テスト計画立案率 ※テスト計画立案率＝(立案済のテスト数/ 全テスト数)× 100	100%		
④	ソースコード検証計画	・実施すべきソースコード検証ツールを挙げ、ツールごとに適用計画を立案したか ※実施すべきソースコード検証ツールには、バグ摘出ツール、セキュリティ脆弱性チェック、OSS 不正使用チェックを含む	・ソースコード検証計画の立案率 ※ソースコード検証計画の立案率＝(立案済のツール数 / 全ツール数)× 100	100%		
⑤	セキュア開発計画	・工程ごとに実施すべきセキュア開発項目を、立案したか	・セキュア開発項目の立案率 ※セキュア開発項目の立案率＝(セキュア開発項目を立案済の工程数 / 全工程数)× 100	100%		
⑥	OSS 活用計画	・OSS 活用計画は立案したか	・OSS 活用計画の立案率 ※ OSS 活用計画の立案率＝(活用計画を立案済の OSS 数 / 活用予定の全 OSS 数)× 100	100%		
⑦	その他遵守事項	・その他の必要な法令や規則に対する遵守計画を、立案したか	・その他遵守計画の立案率 ※その他遵守計画の立案率＝(遵守計画を立案済の法令や規則の数 / 遵守すべき全法令や規則の数)× 100	100%		
3 リスク管理計画の妥当性						
①	リスク管理計画	・適切なリスク計画を立案したか ※リスク計画には、想定されるリストを洗い出したうえで、それぞれに対する予防・軽減・回避の計画を明確にする	・リスク計画の立案率 ※リスク計画の立案率＝(リスク計画を立案済のリスク数 / 洗い出された全リスク数)× 100	100%		

214

付録 ● 審査基準・チェックリスト・帳票類

A.1.2　基本設計 (BD) / 機能設計 (FD) / 詳細設計 (DD) 工程終了審査基準

カテゴリ		審査観点	審査指標	合格基準値	実績値	判定結果
1 プロセス品質						
①	作業全般	• 計画した作業項目は完了したか	• 作業項目完了率 ※作業項目完了率＝(完了した作業項目数 / 当該工程で実施すべき全作業項目数)×100	100%		
		• 未対応のアクションアイテムはないか	• 未完了のアクションアイテム数	0件		
②	要件定義	• 当該工程で完了すべき要件定義は完了したか	• 要件定義完了率 ※要件定義完了率＝(完了した要件定義数 / 当該工程で完了すべき要件定義数)×100	100%		
③	セキュリティ	• 当該工程で実施すべきセキュア開発項目は完了したか	• セキュア開発項目実施率 ※セキュア開発項目実施率＝(実施したセキュア開発項目数 / 当該工程で実施すべき全セキュア開発項目数)×100	100%		
④	レビュー	• レビューすべき対象物に対して、レビュー計画に従って、レビュー完了したか	• レビュー完了率 ※レビュー完了率＝(レビュー完了した対象数 / 当該工程でレビューすべき全レビュー対象数)×100	100%		
		• 未完了のレビュー指摘項目はないか	• 未完了のレビュー指摘項目	0件		
⑤	定量データ	• 品質判定表に従い、十分なレビューを実施し、その結果摘出したバグ数は妥当か	• レビュー工数の計画値達成率 • 摘出バグ数の計画値達成率 ※計画値達成率＝(実績値 / 計画値)×100	しきい値内		
		• 未完了の、定量データ分析による問題指摘はないか	• 定量データ分析による問題指摘のうち、未完了の指摘数 ※問題指摘には、定量データ分析と仕様書評価結果との矛盾を含む	0件		
2 プロダクト品質						
①	仕様書の承認	• 当該工程で作成すべき仕様書は、責任者により承認されたか	• 仕様書承認率 ※仕様書承認率＝(承認済の仕様書数 / 当該工程で作成すべき全仕様書数)×100	100%		
②	第三者による設計仕様書評価 ※少なくともFD工程での実施を推奨	• 計画した設計仕様書に対して、設計仕様書の評価は完了したか	• 仕様書評価完了率 ※仕様書評価完了率＝(完了した仕様書評価 / 計画した仕様書評価数)×100	100%		
		• 未完了の仕様書評価の指摘項目はないか	• 未完了の仕様書評価指摘項目	0件		
		• 重大バグに対して、バグのなぜなぜ分析と水平展開を完了したか ※重大バグは個々に定義する	• 重大バグの水平展開完了率 ※重大バグの水平展開完了率＝(水平展開まで完了した重大バグ数 / 全重大バグ数)×100	100%		

215

付録● 審査基準・チェックリスト・帳票類

A.1.3　コーディング(CD)工程終了審査基準

カテゴリ		審査観点	審査指標	合格基準値	実績値	判定結果
1 プロセス品質						
① 作業全般		・計画した作業項目は完了したか	・作業項目完了率 ※作業項目完了率＝(完了した作業項目数 / 当該工程で実施すべき全作業項目数)×100	100%		
		・未対応のアクションアイテムはないか	・未完了のアクションアイテム数	0件		
② 要件定義		・当該工程で完了すべき要件定義は完了したか	・要件定義完了率 ※要件定義完了率＝(完了した要件定義数 / 当該工程で完了すべき要件定義数)×100	100%		
③ セキュリティ		・当該工程で実施すべきセキュア開発項目は完了したか	・セキュア開発項目実施率 ※セキュア開発項目実施率＝(実施したセキュア開発項目数 / 当該工程で実施すべき全セキュア開発項目数)×100	100%		
④ レビュー		・レビューすべき対象物に対して、レビュー計画に従って、レビュー完了したか	・レビュー完了率 ※レビュー完了率＝(レビュー完了した対象数 / 当該工程でレビューすべき全レビュー対象数)×100	100%		
		・未完了のレビュー指摘項目はないか	・未完了のレビュー指摘項目	0件		
⑤ 定量データ		・品質判定表に従い、十分なレビューを実施し、その結果摘出したバグ数は妥当か	・レビュー工数の計画値達成率 ・摘出バグ数の計画値達成率 ※計画値達成率＝(実績値 / 計画値)×100	しきい値内		
		・未完了の、定量データ分析による問題指摘はないか	・定量データ分析による問題指摘のうち、未完了の指摘数 ※問題指摘には、定量データ分析と仕様書評価結果との矛盾を含む	0件		
2 プロダクト品質						
① ソースコード評価		・開発したソースコードに対して、計画したツールを適用したか ※ツールには、バグ摘出ツール、セキュリティ脆弱性チェック、OSS不正使用チェックを含む	・ツール適用率 ※ツール適用率＝(適用済ツール数 / 計画した適用すべきツール数)×100	100%		
		・未完了の、ツールによる指摘項目はないか	・未完了のツール指摘項目	0件		
② ソースコード指標		・ソースコード指標の基準値を達成したか ※ソースコード指標として、ソースコード行数、ネスト数を使用する	・ソースコード指標基準値違反数	0件		

216

付録 ● 審査基準・チェックリスト・帳票類

A.1.4　単体テスト（UT）/ 結合テスト（IT）工程終了審査基準

カテゴリ		審査観点	審査指標	合格基準値	実績値	判定結果
1 プロセス品質						
①	作業全般	• 計画した作業項目は完了したか	• 作業項目完了率 ※作業項目完了率＝（完了した作業項目数 / 当該工程で実施すべき全作業項目数）× 100	100%		
		• 未対応のアクションアイテムはないか	• 未完了のアクションアイテム数	0件		
②	セキュリティ	• 当該工程で実施すべきセキュア開発項目は完了したか	• セキュア開発項目実施率 ※セキュア開発項目実施率＝（実施したセキュア開発項目数 / 当該工程で実施すべき全セキュア開発項目数）×100	100%		
③	レビュー	• レビューすべき対象物に対してレビュー計画に従って、レビュー完了したか	• レビュー完了率 ※レビュー完了率＝（レビュー完了した対象数 / 当該工程でレビューすべき全レビュー対象数）×100	100%		
		• 未完了のレビュー指摘項目はないか	• 未完了のレビュー指摘項目	0件		
④	定量データ	• 品質判定表で問題がないこと	• テスト項目数の計画値達成率 • 摘出バグ数の計画値達成率 ※計画値達成率＝（実績値 / 計画値）× 100	しきい値内		
			• 定量データ分析による問題指摘のうち、未完了の指摘数 ※問題指摘には、定量データ分析と仕様書評価結果との矛盾を含む	0件		
2 プロダクト品質						
①	仕様書の承認	• 当該工程で作成すべきテスト仕様書およびテスト実施結果は、責任者により承認されたか	• テスト仕様書承認率 ※テスト仕様書承認率＝（承認済のテスト仕様書数 / 当該工程で作成すべき全テスト仕様書数）×100	100%		
②	第三者によるテスト仕様書評価	• 計画したテスト仕様書に対して、仕様書評価は完了したか	• 仕様書評価完了率 ※仕様書評価完了率＝（完了した仕様評価数 / 計画した仕様評価数）×100	100%		
		• 未完了の仕様書評価指摘項目はないか	• 仕様書評価指摘項目のうち未完了の指摘数	0件		
		• 重大バグに対して、バグのなぜなぜ分析と水平展開を完了したか ※重大バグは個々に定義する ※テスト仕様書評価のバグとは、テスト仕様書の修正が必要な指摘をいう	• 重大バグの水平展開完了率 ※重大バグの水平展開完了率＝（水平展開まで完了した重大バグ数 / 全重大バグ数）×100	100%		

217

付録 ● 審査基準・チェックリスト・帳票類

A.1.5 総合テスト（ST）工程終了審査基準

カテゴリ		審査観点	審査指標	合格基準値	実績値	判定結果
1 プロセス品質						
①	作業全般	・計画した作業項目は完了したか	・作業項目完了率 ※作業項目完了率＝（完了した作業項目数 / 当該工程で実施すべき全作業項目数）×100	100%		
		・未対応のアクションアイテムはないか	・未完了のアクションアイテム数	0件		
②	セキュリティ	・当該工程で実施すべきセキュア開発項目は完了したか	・セキュア開発項目実施率 ※セキュア開発項目実施率＝（実施したセキュア開発項目数 / 当該工程で実施すべき全セキュア開発項目数）×100	100%		
③	レビュー	・レビューすべき対象物に対して、レビュー計画に従って、レビュー完了したか	・レビュー完了率 ※レビュー完了率＝（レビュー完了した対象数 / 当該工程でレビューすべき全レビュー対象数）×100	100%		
		・未完了のレビュー指摘項目はないか	・未完了のレビュー指摘項目	0件		
④	定量データ	品質判定表で問題がないこと	・テスト項目数の計画値達成率 ・摘出バグ数の計画値達成率 ※計画値達成率＝（実績値 / 計画値）×100	しきい値内		
			・定量データ分析による問題指摘のうち、未完了の指摘数 ※問題指摘には、定量データ分析と仕様書評価結果との矛盾を含む	0件		
2 プロダクト品質						
①	仕様書の承認	・当該工程で作成すべきテスト仕様書およびテスト実施結果は、責任者により承認されたか	・テスト仕様書承認率 ※テスト仕様書承認率＝（承認済のテスト仕様書数 / 当該工程で作成すべき全テスト仕様書数）×100	100%		
②	第三者によるテスト仕様書評価	・計画したテスト仕様書に対して、仕様書評価は完了したか	・仕様書評価完了率 ※仕様書評価完了率＝（完了した仕様書評価数 / 計画した仕様書評価数）×100	100%		
		・未完了の仕様書評価指摘項目はないか	・仕様書評価指摘項目のうち未完了の指摘数	0件		
		・重大バグに対して、バグのなぜなぜ分析と水平展開を完了したか ※重大バグは個々に定義する ※テスト仕様書評価のバグとは、テスト仕様書の修正が必要な指摘をいう	・重大バグの水平展開完了率 ※重大バグの水平展開完了率＝（水平展開まで完了した重大バグ数 / 全重大バグ数）×100	100%		
③	第三者によるソフトウェア評価	・計画した最終成果物（ソフトウェア、マニュアルなどのドキュメント）に対して、ソフトウェア評価は完了したか	・ソフトウェア評価完了率 ※ソフトウェア評価完了率＝（完了したソフトウェア評価数 / 計画したソフトウェア評価数）×100	100%		
		・未完了のソフトウェア評価の指摘項目はないか	・ソフトウェア評価の指摘項目のうち、未完了の指摘数	0件		
		・重大バグに対して、バグのなぜなぜ分析と水平展開を完了したか ※重大バグは個々に定義する	・重大バグの水平展開完了率 ※重大バグの水平展開完了率＝（水平展開まで完了した重大バグ数 / 全重大バグ数）×100	100%		

付録●審査基準・チェックリスト・帳票類

A.1.6　出荷審査基準

カテゴリ		審査観点	審査指標	合格基準値	実績値	判定結果
1. 要件に対する充足		計画した要件を達成していることを確認する				
	① 機能要件	計画した機能要件を達成したか	・機能要件達成率	100%		
	② 非機能要件	計画した非機能要件を達成したか ※主な非機能要件には、性能、セキュリティ、使用性、高負荷環境下での運用がある	・非機能要件達成率 ※要件達成率＝(達成した要件数 / 計画した要件数)×100	100%		
2. 開発作業の十分性		プロジェクトライフサイクルにわたって、適切な管理が実施されているという前提のもと、出荷段階で確認すべき開発作業の十分性を確認する				
	① 開発テスト	計画したテストを完了したか	・テスト項目消化率 ※テスト項目消化率＝(消化テスト項目数/計画テスト項目数)×100	100%		
	② ツール検証	ツールによる指摘箇所の対応を完了したか ※ツールには、ソースコード検証ツール、セキュリティ脆弱性検証ツール、OSS不正使用検証ツールがある	・ツールによる指摘箇所の対応完了率 ※ツールによる指摘箇所の対応完了率＝(対応した指摘箇所 / 全指摘箇所)×100	100%		
	③ バグ摘出状況	バグ目標を達成したか	・バグ目標達成率 ※バグ目標達成率＝(実績バグ摘出数 / 予定バグ摘出数)×100	しきい値内		
	④ 未解決バグ	未解決バグはないか ※未解決バグは、主に制限事項により対処する	・未解決バグ数 ※制限事項は以下を確認する ▶影響範囲が明確である ▶修正時期が明確である ▶回避策の提示により、顧客への影響を極小化している	0件		
	⑤ バグ収束	バグ曲線は収束しているか ※バグ曲線とは、テスト進捗に対する累積摘出バグの推移である	・バグ収束率 ※バグ収束率＝(テスト進捗 80 ～ 100% のバグ曲線の傾き)/(0 ～ 100% の傾き)	しきい値内		
	⑥ 重大バグのバグ分析と水平展開	開発終盤に摘出した重大バグに対して、バグのなぜなぜ分析と水平展開を完了したか ※対象バグは以下とし、重大バグの定義は個々の条件に応じて設定する ・システムテストの摘出バグ ・第三者によるソフトウェア評価の摘出バグ	・重大バグの水平展開完了率 ※重大バグの水平展開完了率＝(水平展開まで完了した重大バグ数 / 全重大バグ数)×100	100%		
3. 第三者によるソフトウェア評価の完了		第三者によるソフトウェア評価が完了していることを確認する				
	① ソフトウェア	ソフトウェアに対する第三者評価は完了したか	・ソフトウェア評価完了率	100%		
	② ドキュメント	ドキュメントに対する第三者評価は完了したか ※対象ドキュメントは、主にソフトウェア稼働時に使用するマニュアルがある	・ドキュメント評価完了率 ※評価完了率＝(完了評価項目数 / 全評価項目数)×100	100%		
4. 規則・標準への準拠		開発計画時に決定した各種の規則や組織標準に準拠していることを確認する				
	① セキュリティ	セキュア開発の規則を遵守したか	・セキュア開発の規則遵守率	100%		
	② OSS ライセンス	OSS ライセンスを遵守したか	・OSS ライセンスの遵守率	100%		
	③ その他	その他の必要な、法令や規則を遵守しているか ※その他の法令や規則には、安全性や業種特有の規則がある	・その他の規則遵守率	100%		
5. 納品物の十分性		納品物(ソフトウェア、ドキュメントなど)がそろっていることを確認する				
	① 納品物	納品物(ソフトウェア、ドキュメントなど)はすべてそろっているか	・納品物充足率	100%		

付録 ● 審査基準・チェックリスト・帳票類

A.2.1 基本設計(BD)仕様書チェックリスト

No.	カテゴリ	レビュー観点	確認項目	確認日付	結果
基本項目					
基本設計(BD)仕様書を確認					
①	全般	仕様書は組織で定める様式に準拠し、必須項目がすべて記載されているか	仕様書テンプレートや雛型の版数、TBD や空欄の有無		
②		記載内容は正確で読みやすく、解釈が一意となる語句や表現か	日本語としての理解性、曖昧な記載、用語の揺れ		
③	仕様	仕様は一貫しており、矛盾なく定義されているか	二重の仕様、同種の事柄に関する対称性、ユースケースの考慮漏れ		
④		当該 PJ で実現すべき仕様が明確になっているか	優先順位、実現する範囲、規模見積り		
レビュー記録票と基本設計(BD)仕様書を照合					
⑤	レビュー結果	レビュー指摘事項はすべて仕様書に反映されているか	バグ指摘		
⑥		仕様書への反映結果は、指摘事項の問題を正しく解決しているか	解決方式		
⑦		内容に踏み込んだ指摘が挙がっているか	ユースケースやアクターの考慮漏れ、論理的不整合		
要件定義書と基本設計(BD)仕様書を照合					
⑧	要件	機能要件、非機能要件が、過不足なく盛り込まれているか	性能、スケーラビリティ、操作性、セキュリティ		
⑨		設計された一連の仕様は、実装予定のすべての機能要件、非機能要件を鑑みて妥当か	機能要件の網羅、目的の達成、非機能要件の実現、目標値の達成		
詳細項目					
基本設計(BD)仕様書を確認					
⑩	開発の指針	システムの目的や意義が明確にされているか	実装方式、運用方式		
⑪	システム概念	システムを取り巻く要素がすべてそろっているか	システムの概念モデルの構成要素 (情報、役割)		
⑫	ユースケース	利用方法や運用手順がすべて明確になっているか	アクター(利用者、管理者、運用者、連携している他システム)、ユースケース(初期、通常、運用管理の利用場面)		
⑬		ユースケースモデルの定義は一貫しているか	矛盾、重複、対称性、揺れ		
⑭		基幹となる処理の流れが明確になっているか	アクティビティ図		
⑮	システム構成	システムが稼働する環境やシステムが必要とするソフトウェアがすべて考慮されているか	OS、ミドルウェア、HW、NW		
⑯		要件とシステム仕様との相互の影響を確認したか	マッピング表 / 図		

付録 ● 審査基準・チェックリスト・帳票類

A.2.2　機能設計（FD）仕様書チェックリスト

No.	カテゴリ	レビュー観点	確認項目	確認日付	結果
	基本項目				
	機能設計（FD）仕様書を確認				
①	全般	仕様書は組織で定める様式に準拠し、必須項目がすべて記載されているか	仕様書テンプレートや雛型の版数、TBD や空欄の有無		
②		記載内容は正確で読みやすく、解釈が一意となる語句や表現か	日本語としての理解性、曖昧な記載、用語の揺れ		
③	機能	機能は、利用者視点で動作が正確に理解できる程度に具体化されているか	画面イメージ、メッセージ、各種条件での機能の振る舞い（例外、異常値を含む）		
④		機能は一貫しており、矛盾なく定義されているか	記載内容と画面イメージ間、機能の重複、対称性、動作条件、共有と排他、FD 仕様書間の差異		
	基本設計（BD）仕様書と機能設計（FD）仕様書を照合				
⑤	仕様	BD 仕様書で定義された仕様が FD 仕様書にすべて盛り込まれているか	利用者機能、管理者機能、保守機能、性能、スケーラビリティ、セキュリティ		
	レビュー記録票と機能設計（FD）仕様書を照合				
⑥	レビュー結果	レビュー指摘事項はすべて仕様書に反映されているか	バグ指摘		
⑦		仕様書への反映結果は、指摘事項の問題を正しく解決しているか	解決方式		
⑧		内容に踏み込んだ指摘が挙がっているか	機能やケースの考慮漏れ、論理的不整合		
	要件定義書と機能設計（FD）仕様書を照合				
⑨	要件	前工程まで未確定であった機能要件、非機能要件はすべて確定しているか	追加要件、顧客要件		
⑩		機能要件、非機能要件は、過不足なく機能に落とし込まれ具現化されているか	性能、スケーラビリティ、操作性、セキュリティ		
⑪		設計された一連の機能は、実装予定のすべての機能要件を鑑みて妥当か	機能要件の網羅、目的の達成		
⑫		設計された一連の機能やデータ構造は、対応予定のすべての非機能要件を鑑みて妥当か	非機能要件の実現、目標値の達成		
	詳細項目				
	機能設計（FD）仕様書を確認				
⑬	機能構造	設計方針を明示し、その方針に正確に従い構造が定義されているか	論理構造、ファイル構成、関数設計		
⑭		システムを構成する HW、SW の異常状態に対する回復処理や終了処理がすべて考慮されているか	利用者に見える異常系、エラー、ワーニング、システム間の不整合、競合		
⑮	利用者インタフェース	機能の位置付けを踏まえ、その外部インタフェースは正確に設計されているか	入力情報、出力情報、状態遷移		
⑯		利用者インタフェース、システムやモジュール間のインタフェース設計は一貫しているか	API/ クラス / マクロ、電文 / メッセージ		
⑰	影響箇所	影響箇所をすべて洗い出し、漏れなく処置しているか	既存機能、同時実行可能なプロセス、DB ファイルアクセス、システム負荷 / 性能		
⑱	共通処理	共通処理の設計方針は一貫し、かつ、部品のライセンスの扱いは正確か	複数プラットフォーム、ログ、部品・OSS、ライセンス		
⑲	テーブル設計	構造で定義されたファイルがすべて設計されているか	DB アイテム設計、ファイル、デシジョンテーブル、マトリクス		
⑳		ファイルの設計は一貫しているか	命名規則、検索キー		

221

付録 ● 審査基準・チェックリスト・帳票類

A.2.3 詳細設計仕様書(DD)チェックリスト

No.	カテゴリ	レビュー観点	確認項目	確認日付	結果
基本項目					
詳細設計(DD)仕様書を確認					
①	全般	仕様書は組織で定める様式に準拠し、必須項目がすべて記載されているか	仕様書テンプレートや雛型の版数、TBD や空欄の有無		
②		記載内容は正確で読みやすく、解釈が一意となる語句や表現か	日本語としての理解性、曖昧な記載、用語の揺れ		
機能設計(FD)仕様書と詳細設計(DD)仕様書を照合					
③	機能	機能が一連の詳細設計仕様書および関連する仕様書にすべて盛り込まれているか	モジュール、関数 / メソッド		
レビュー記録票と詳細設計(DD)仕様書を照合					
④	レビュー結果	レビュー指摘事項はすべて仕様書に反映されているか	バグ指摘		
⑤		仕様書への反映結果は、指摘事項の問題を正しく解決しているか	解決方式		
⑥		内容に踏み込んだ指摘が挙がっているか	論理構造、場合の網羅、論理的不整合		
要件定義書と詳細設計(DD)仕様書を照合					
⑦	要件	機能要件、非機能要件が、過不足なく盛り込まれているか	性能、スケーラビリティ、操作性、セキュリティ		
⑧		具体化された実装方式は、すべての機能要件、非機能要件を鑑みて妥当か	機能要件の網羅、目的の達成、非機能要件の実現、目標値の達成		
詳細項目					
詳細設計(DD)仕様書を確認					
⑨	実装方針	FD 仕様書で定義された機能の実装方針が明確になっているか	モジュール、関数 / メソッド		
⑩		機能実装のあり様は一貫しているか	機能間の矛盾、重複、対称性、揺れ、優先順位、排他制御		
⑪		機能は実装可能な粒度で必要十分に詳細化されているか	クラス、テーブル		
⑫	クラス設計	実装に必要なクラスがすべて具体化されているか	API、クラス、マクロ		
⑬		クラス設計は一貫しているか			
⑭	テーブル設計	テーブルがすべて具体化されているか	DB アイテム設計、ファイル、デシジョンテーブル、マトリクス、電文、メッセージ		
⑮		テーブルの設計は一貫しているか			
⑯	ロジック設計	ロジック設計すべき個所が、すべて具体化されているか			
⑰		ロジック設計は一貫しているか			
⑱		システムを構成する HW、SW の異常状態に対する回復 / 終了処理がすべて考慮されているか	システム構造上発生し得るすべての異常系、エラー、ワーニング		

付録 ● 審査基準・チェックリスト・帳票類

A.2.4　単体テスト（UT）仕様書チェックリスト

No.	カテゴリ	レビュー観点	確認項目	確認日付	結果
基本項目					
単体テスト（UT）仕様書を確認					
①	全般	仕様書は組織で定める様式に準拠し、必須項目がすべて記載されているか	仕様書テンプレートや雛型の版数、TBD や空欄の有無		
②		記載内容は正確で読みやすく、解釈が一意となる語句や表現か	日本語としての理解性、曖昧な記載、用語の揺れ		
③	評価方針	テスト項目の設計方針が明確になっているか	網羅率		
④	評価環境	評価環境は、物理的に実現可能な構成が正確に設計されているか	保有資産、設備		
⑤		当該環境群で、すべての評価項目が実行可能か	大規模、限界値、実際の運用		
⑥	評価項目	評価項目は、結果を正確に検証できるか	評価項目のシステム状況、入力値、操作方法、期待結果		
詳細設計（DD）仕様書と単体テスト（UT）仕様書を照合					
⑦	モジュール	FD 仕様書にあるモジュールをすべて網羅しているか	関数 / メソッド		
⑧		システムや機能の実行状態を加味しているか	NW、DB、その他リソースの状況		
レビュー記録票と単体テスト（UT）仕様書を照合					
⑨	レビュー結果	レビュー指摘事項はすべて仕様書に反映されているか	ケース漏れ、条件漏れ		
⑩		仕様書への反映結果は、指摘事項の問題を正しく解決しているか	項目作成方式		
⑪		内容に踏み込んだ指摘が挙がっているか	機能やケースの考慮漏れ、論理的不整合		
詳細項目					
単体テスト（UT）仕様書を確認					
⑫	関数 / メソッド	関数 / メソッドに対する評価項目は、入力パラメータを網羅しているか	同値分割、デシジョンテーブル		
⑬		各種入力パラメータに対する入力値は、制限されている値や特殊な値を考慮しているか	文字列：NULL、¥、¥n、ESC 数値：NULL、0、上限値、桁落ち、桁あふれ、日付、時間		
⑭	ロジック	ソースコード上のパスを網羅しているか	命令網羅、分岐網羅、条件網羅		
⑮		エラーケースを網羅しているか			

付録 ● 審査基準・チェックリスト・帳票類

A.2.5　結合テスト(IT)仕様書チェックリスト

No.	カテゴリ	レビュー観点	確認項目	確認日付	結果
	基本項目				
	結合テスト(IT)仕様書を確認				
①	全般	仕様書は組織で定める様式に準拠し、必須項目がすべて記載されているか	仕様書テンプレートや雛型の版数、TBD や空欄の有無		
②		記載内容は正確で読みやすく、解釈が一意となる語句や表現か	日本語としての理解性、曖昧な記載、用語の揺れ		
③	評価方針	テスト項目の設計方針が明確になっているか			
④	評価環境	評価環境は、物理的に実現可能な構成が正確に設計されているか	保有資産、設備		
⑤		当該環境群で、すべての評価項目が実行可能か	大規模、限界値、実際の運用		
⑥	評価項目	評価項目は、結果を正確に検証できるか	評価項目のシステム状況、入力値、操作方法、期待結果		
	機能設計(FD)仕様書と結合テスト(IT)仕様書を照合				
⑦	機能	FD 仕様書にある機能をすべて網羅しているか			
⑧		システムや機能の実行状態を加味しているか	NW、DB、その他リソースの状況		
	レビュー記録票と結合テスト(IT)仕様書を照合				
⑨	レビュー結果	レビュー指摘事項はすべて仕様書に反映されているか	ケース漏れ、条件漏れ		
⑩		仕様書への反映結果は、指摘事項の問題を正しく解決しているか	項目作成方式		
⑪		内容に踏み込んだ指摘が挙がっているか	機能やケースの考慮漏れ、論理的不整合		
	詳細項目				
	結合テスト(IT)仕様書を確認				
⑫	機能構造	システムの異常状態を考慮しているか	利用者に見える異常系、エラー、ワーニング、システム間の不整合、競合		
⑬	利用者インタフェース	利用者の操作をすべて網羅しているか	GUI、CUI、文字コード		
⑭		表示されるメッセージをすべて網羅しているか	ログ、メッセージ、エラー		
⑮		表示されるメッセージは正確か	誤字脱字、はみ出し、意味不明、多言語		

付録 ● 審査基準・チェックリスト・帳票類

A.2.6 総合テスト（ST）仕様書チェックリスト

No.	カテゴリ	レビュー観点	確認項目	確認日付	結果
	基本項目				
	総合テスト（ST）仕様書を確認				
①	全般	仕様書は組織で定める様式に準拠し、必須項目がすべて記載されているか	仕様書テンプレートや雛型の版数、TBD や空欄の有無		
②		記載内容は正確で読みやすく、解釈が一意となる語句や表現か	日本語としての理解性、曖昧な記載、用語の揺れ		
③	評価方針	テスト項目の設計方針が明確になっているか			
④	評価環境	評価環境は、物理的に実現可能な構成が正確に設計されているか	保有資産、設備		
⑤		当該環境群で、すべての評価項目が実行可能か	大規模、限界値、実運用		
⑥	評価項目	評価項目は、結果を正確に検証できるか	評価項目のシステム状況、入力値、操作方法、期待結果		
	基本設計（BD）仕様書と総合テスト（ST）仕様書を照合				
⑦	仕様	BD 仕様書で定義された仕様がすべて盛り込まれているか	利用者機能、管理者機能、保守機能、性能、スケーラビリティ、セキュリティ		
⑧		システムや機能の実行状態を加味しているか	NW、DB、その他リソースの状況		
	レビュー記録票と総合テスト（ST）仕様書を照合				
⑨	レビュー結果	レビュー指摘事項はすべて仕様書に反映されているか	ケース漏れ、条件漏れ		
⑩		仕様書への反映結果は、指摘事項の問題を正しく解決しているか	項目作成方式		
⑪		内容に踏み込んだ指摘が挙がっているか	機能やケースの考慮漏れ、論理的不整合		
	要件定義書と総合テスト（ST）仕様書を照合				
⑫	機能要件	テストシナリオは、すべてのユースケースを網羅しているか	BD 時のユースケース		
⑬	非機能要件	すべての非機能要件が評価項目として設計されているか	性能（単点計測、性能曲線）、スケーラビリティ、セキュリティ		
⑭		定量目標値を持つ非機能要件の目標達成が確認できるか	処理性能、GUI 応答性能		
	詳細項目				
	総合テスト（ST）仕様書を確認				
⑮	暗黙の要件	機能要件、非機能要件とは別に、プロダクトが一般的に具備すべき品質レベルを評価する項目が設計されているか	信頼性、負荷、連続運転、回復、性能、大容量、構成、記憶域、互換性、機密保護、保守性、説明書、使いやすさ、法令／規則の遵守、ガイドラインへの準拠、権利の宣言／侵害		
⑯	既存機能	既存評価項目の抽出範囲は適切か	デグレード		

付録●審査基準・チェックリスト・帳票類

A.2.7　マニュアルチェックリスト

No.	カテゴリ	レビュー観点	確認項目	確認日付	結果
	基本項目				
	マニュアルを確認				
①	マニュアル全般	組織で定める様式に従い、記載項目がすべて記載されているか	目次、用語解説、索引、図表番号のつけ方		
②		記載内容は正確で読みやすく、解釈が一意となる語句や表現か	用語の揺れ、曖昧な記載、日本語としての理解性		
③	目次	項以上の目次がすべてそろっているか			
④		目次の表記と実際のページが合っているか			
⑤		章立ては読みやすい構成で、章・節・項の分け方は適切か	章・節・項の3階層以内		
⑥	本文	本文の記載様式、記載内容は一貫しているか			
⑦		本文中で参照する図表や図表番号、章・節・項の分け方は正確か	図、表、章・節・項、用語解説、電子マニュアルであればリンク		
⑧	メッセージ	表示されるすべてのメッセージの意味と解説が記載されているか	メッセージ、ワーニング、エラー		
⑨		メッセージの意味と解説は正確か			
⑩	用語解説	サービス、システム、プログラム固有の用語について、すべて説明があるか			
⑪		用語解説の記載内容は正確か			
⑫	索引	索引に主要な用語が記載されているか			
⑬		索引の付け方、ページは正確か			
⑭		索引の付け方は一貫しているか			
	プログラムとマニュアルを照合				
⑮	本文	記載内容とプログラムの動作は整合が取れているか			
⑯		記載内容とプログラムの画面、メッセージに相違はないか			
	レビュー記録票とマニュアルを照合				
⑰	レビュー結果	レビュー指摘事項はすべてマニュアルに反映されているか	バグ指摘		
⑱		マニュアルへの反映結果は、指摘事項の問題を正しく解決しているか	解決方式		
	詳細項目				
	マニュアルを確認				
⑲	オペレーションマニュアル	主要な利用シーンは、すべて網羅しているか			
⑳	リファレンスマニュアル	すべての機能を網羅しているか			

A.3.1 品質会計票

プロジェクト名		
報告日		
報告者		

工程			計画	BD	FD	DD	CD	上工程計	UT	IT	ST	テスト工程計	全工程計
開発規模	新規＋改造(KL)	予定・実績(CD以降)											
	流用(KL)												
	新＋改＋流(KL)												
日程	開始日	予定											
		実績											
	完了日	予定											
		実績											
	工程完了遅延日数												
工数	工数	予定											
		実績											
	進捗率												
	工数密度	予定											
		実績											
レビュー	レビュー工数	予定											
		実績											
	進捗率												
	レビュー密度	予定											
		実績											
テスト	新規項目数	予定											
		実績											
	既存項目数	予定											
		実績											
	項目消化率												
	項目数密度	予定											
		実績											
設計書	ページ数	予定											
		実績											
	ページ密度	予定											
		実績											
バグ	摘出数	予定											
		実績											
	摘出率												
	摘出数分布	予定											
		実績											
	バグ密度	予定											
		実績											
	作り込み数	予定											
		実績											
	作り込み数分布	予定											
		実績											

付録●審査基準・チェックリスト・帳票類

A.3.2　作業計画表（一部省略）

プロジェクト名：			報告日：							
項番	工程					月				
	工程名		開始日	完了日	―	日				
1	BD									
2	FD									
3	DD									
4	CD									
5	UT									
6	IT									
7	ST									
項番	審査日程					月				
	審査種別		実施日	―	―	日				
1	基本設計終了審査									
2	機能設計終了審査									
3	詳細設計終了審査									
4	上工程終了審査									
5	単体テスト終了審査									
6	結合テスト終了審査									
7	総合テスト終了審査									
8	出荷判定事前会議									
9	出荷判定会議									
10	出荷判定会議（予備）									
項番	作業項目					月				
	大項目	中項目	開始日	完了日	担当	日				
1	WBS 詳細化									
2		基本設計レビュー								
3		機能設計レビュー								
4	レビュー計画	詳細設計レビュー								
5	（担当欄はレビュー	コードレビュー								
6	アを示す）	単体テスト設計レビュー								
7		結合テスト設計レビュー								
8		総合テスト設計レビュー								
9		テスト方針作成								
10	テスト計画	テスト環境作成								
11		性能テスト								
12		長時間負荷テスト								
13		コード指標算出ツール								
14		バグ摘出ツール								
15	ソースコード	バグ摘出ツール最終確認								
16	検証計画	セキュリティ脆弱性検証ツール								
17		セキュリティ脆弱性ツール最終確認								
18		OSS 混入検知ツール								
19		OSS 混入検知ツール最終確認								
20		BD セキュア開発設計								
21		FD セキュア開発設計								
22		DD セキュア開発設計								
23	セキュア開発計画	CD セキュア開発設計								
24		UT セキュア設計テスト								
25		IT セキュア設計テスト								
26		ST セキュア設計テスト								
27		OSS 活用計画立案								
28	OSS 活用計画	OSS 実装								
29		OSS テスト								
30	その他									

228

付録●審査基準・チェックリスト・帳票類

A.3.3　リスク管理計画表

項番	リスク分析					リスク予防計画			リスク軽減計画			リスク回避計画		
	分析内容	発生確率	影響度	危険度	優先順位	計画内容	実施時期	担当者	計画内容	実施時期	担当者	計画内容	実施時期	担当者
1														
2														
3														
4														
5														
6														
7														
8														

プロジェクト名：　　報告日：

229

演習問題の解答・解説

解答と解説 3.1

　表 3.27 の計画審査基準の達成状況を見ると、すべての項目が基準を達成しており合格と判定されている。しかし、表 3.27 に記載された値はプロジェクト合計の見積り値で判定している。サブプロジェクト単位で判定すると、以下のように基準値のしきい値を超えている項目があり、再見積りをすべきである。

- サブプロジェクト B は、レビュー工数の見積りがどの工程も基準値の 10% 以上多く見積もっている。通常より多くのレビューを要する理由を確認し、再見積りすべきである（表 3.29）。

- サブプロジェクト D は、レビュー工数の見積りがどの工程も基準値の 10% 以上少なく見積もっている。また、摘出バグ数の見積りは UT 以外の工程が基準値を超えている。具体的には、上工程のバグは基準より少なく見積り、テスト工程のバグを基準より多く見積もっている。したがって、上工程バグ摘出率が他のプロジェクトが 65% 前後であるのに対して、サブプロジェクト D は 60% に満たない。レビュー工数および摘出バグ数の見積りを見直し、上工程でより品質を確保する計画にするように見直すべきである（表 3.29、表 3.30）。

　この演習問題のように、サブプロジェクト単位では定量データの基準を達成していなくても、プロジェクト全体で基準を達成している場合がある。各サブプロジェクトの値が平均されて、プロジェクト全体では基準を達成しているように見えてしまうからである。基準を判定する単位を明確にしてプロジェクト全体に周知しておく必要がある。

解答と解説 3.2

　出荷判定事前会議時点での合否判定は、不合格である。不合格と判定した審査項目は、審査基準の 2.⑥の重大バグのバグ分析と水平展開である。不合格

演習問題の解答・解説

の理由は、第三者ソフトウェア評価で9件のバグが検出されているにもかかわらず、水平展開施策による新たなバグの検出がないまま施策を完了しており、水平展開の施策の十分性が確認できないためである。

したがって、今後のアクションは、9件のバグのなぜなぜ分析と水平展開施策の十分性を確認し、潜在するバグを摘出することである。

バグのなぜなぜ分析の目的の一つは、バグが流出した原因を分析し潜在バグを摘出することである。水平展開の施策が不十分であれば潜在バグは摘出できない。したがって、表3.32の2.⑥の「重大バグのバグ分析と水平展開」では、水平展開の施策の十分性を確認することが重要になる(バグ分析は**第5章**)。

表3.34の第三者ソフトウェア評価結果報告書を見ると、サブプロジェクトDで8件のバグが検出されており、そのうち追加要件の対応で5件のバグが検出されている。これらの水平展開施策が十分でないのは明らかである。

また、サブプロジェクトDは、結果としてプロセス品質にも問題があったと考えられる。たとえば、サブプロジェクトDの各工程審査時の品質リスクの指摘に対して、"有識者レビューを実施したため問題なし"という回答で処置が完了している(表3.33)。しかし、追加要件による規模の増加に対して、バグ数、レビュー工数、テスト項目数の予定値の再見積りを実施していない。そのため、バグ数、レビュー工数、テスト項目数の実績値や実績密度が十分とはいえない(表3.39)。これらの点は、各工程審査において適切に処置をしたつもりだが、出荷判定時に振り返ってみると、工程審査が適切に運用できていなかったと考えられ、今後のプロジェクト運営の課題の一つとして取り上げておくべきである。

解答と解説 4.1　開発開始時のバグ目標値の設定

4.2 節を参照して、バグ目標値を算出する。

＜バグ予測値の算出＞

$$B = C \cdot \alpha_1 \cdot \alpha_2 \cdot S^m$$

演習問題の解答・解説

$$= 11.0 \times 1.10 \times 0.95 \times 25.0^{0.90} = 208.28 \fallingdotseq 208$$

∴ バグ予測値 = 208 件

＜工程別バグ目標値の算出＞

- 基本設計工程 ：$208 \times 7\% = 14.56 \fallingdotseq 15$
- 機能設計工程 ：$208 \times 24\% = 49.92 \fallingdotseq 50$
- 詳細設計工程 ：$208 \times 22\% = 45.76 \fallingdotseq 46$
- コーディング工程：$208 \times 29\% = 60.32 \fallingdotseq 60$
- 単体テスト工程 ：$208 \times 11\% = 22.88 \fallingdotseq 23$
- 結合テスト工程 ：$208 \times 6\% = 12.48 \fallingdotseq 12$
- 総合テスト工程 ：$208 \times 1\% = 2.0 \fallingdotseq 2$

したがって、工程別バグ目標値は**表 B.1.1** となる。

表 B.1.1　工程別バグ目標値

摘出工程	バグ目標値
基本設計	15
機能設計	50
詳細設計	46
コーディング	60
単体テスト	23
結合テスト	12
総合テスト	2
合計	208

解答と解説 4.2　上工程品質判定表による品質分析

4.3 節を参照して、品質判定表を使用して品質判定をする。

開発規模 15KL の数値を使って、KL あたりの数値と ± 20％のしきい値を算出すると、**表 B.1.2** となる。表 B.1.2 の数値を使って、上工程品質判定表により品質を判定すると、**表 B.1.3** となる。

したがって、品質は計画どおりであり、バグ目標値の再設定は不要である。

演習問題の解答・解説

表 B.1.2　KL あたり目標と実績(問題 4.2)

詳細設計工程	目標	実績	KLあたり		KLあたり目標値の±10%	
			目標	実績	−20%	+20%
摘出バグ数	30	33	2.00	2.20	1.60	2.40
レビュー工数	40	38	2.67	2.53	2.13	3.20

表 B.1.3　上工程品質判定表(問題 4.2)

上工程品質判定表		レビュー工数/KL		
		実績<計画−20% (実績<2.13)	計画−20%≦実績≦ 計画+20% (2.13≦実績≦3.20)	計画+20%<実績 (3.20<実績)
レビューでの摘出 バグ数/KL	実績<計画−20% (実績<1.60)	品質を判断する時期 ではない ⇒レビュー継続	品質は計画 よりも良い ⇒①式で見直し	品質は計画よりも 良い ⇒②式で見直し
	計画−20%≦実績≦ 計画+20% (1.60≦実績≦2.40)	計画より品質が悪い ⇒①式で見直し	品質は計画どおり	品質は計画どおり
	計画+20%<実績 (2.40<実績)	計画より品質が悪い ⇒①式で見直し	計画より品質が悪い ⇒①式で見直し	計画より品質が悪い ⇒②式で見直し

解答と解説 4.3　バグ収束判定

4.6 節を参照して、バグ収束判定をする。

テスト全体の傾き = 41 件 /1000 項目 = 0.041

テスト 80 ～ 100％の傾き = (41-38)件 /(1000-800)項目 = 0.015

　　※テスト 80％時点のテスト項目数は、1000 × 0.8 = 800 項目

よって、バグ収束率 α = 0.015/0.041 = 0.365 ≒ 0.37

しきい値を 0.40 とすると、0.37 < 0.40

したがって、収束している。

解答と解説 4.4　定量データ分析による工程終了判定
＜上工程品質判定表による品質分析＞

4.3 節を参照して、品質判定表により品質判定をする。

表 4.9 より KL あたりの数値と± 10％のしきい値を算出し(表 B.1.4)、上工程品質判定表で判定する(表 B.1.5)。KL あたりの数値は、目標は計画時の開発規模 13.0KL、実績は現時点の開発規模 15.0KL を使用する。

演習問題の解答・解説

表 B.1.4　KL あたり目標と実績（問題 4.4）

詳細設計工程	目標	実績	KLあたり		KLあたり目標値の±10%	
			目標	実績	−10%	+10%
摘出バグ数（件）	20	18	1.54	1.20	1.38	1.69
レビュー工数（人時）	40	38	3.08	2.53	2.77	3.38

表 B.1.5　上工程品質判定表（問題 4.4）

上工程品質判定表		レビュー工数/KL		
		実績＜計画−10% （実績＜2.77）	計画−10%≦実績≦ 計画＋10% （2.77≦実績≦3.38）	計画＋10%＜実績 （3.38＜実績）
レビューでの摘出 バグ数/KL	実績＜計画−10% （実績＜1.38）	品質を判断する時期 ではない ⇒レビュー継続	品質は計画 よりも良い ⇒①式で見直し	品質は計画よりも 良い ⇒②式で見直し
	計画−10%≦実績≦ 計画＋10% （1.38≦実績≦1.69）	計画より品質が悪い ⇒①式で見直し	品質は計画どおり	品質は計画どおり
	計画＋10%＜実績 （1.69＜実績）	計画より品質が悪い ⇒①式で見直し	計画より品質が悪い ⇒①式で見直し	計画より品質が悪い ⇒②式で見直し

上記より、「品質を判断する時期ではない⇒レビュー継続」と判定される。

＜作り込み工程別バグ分析＞

4.4 節を参照して、表 4.3 の分析観点に沿って作り込み工程別バグ分析をする。

(1)　**レビュー推移と摘出バグ数（表 4.11）**

①　レビュー推移に連れて、摘出されるバグ数は減少しているか

・レビューごとのバグ数は、10 件⇒4 件⇒2 件と減少している。問題なし。

②　レビュー推移に連れて、作り込み工程別のバグ数は減少しているか

・BD バグは、レビュー（1 回目）に 1 件摘出、FD バグは、9 件⇒4 件⇒2 件と推移しており、減少している。問題なし。

(2)　**作り込み工程別バグ数（表 4.12）**

①　当該工程の作り込みバグ数は、多く摘出されていないか（当該工程のバグ目標値を上回るほど摘出されていないか）。

・FD バグは、合計で 15 件摘出されている。問題なし。

② 1つ前の工程の作り込みバグ数は、目安(作り込み工程で80%、次工程で残り20%を摘出)を超えて摘出されていないか。

- BDバグは、BD工程で6件、FD工程で3件摘出されていて、FD工程の摘出数が目安より2倍多い(目安80%対20% → 4対1に対して、実績は6対3 → 2対1)。BD工程でのレビューが不十分と思われる。なお、摘出されたBDバグの内容の確認は必要である。

③ 2つ前の工程の作り込みバグ数が摘出されていないか。

- 2つ前の工程はないため、該当なし。

<結論>

(1)上工程品質判定表による品質分析と、(2)作り込み工程別バグ分析の分析結果を総合して、結論を導き出す。

FD工程終了判定：不可

判定結果の理由：

- 上工程品質判定表では、「品質を判断する時期ではない⇒レビュー継続」と判定される。
- 上記の判定になった要因として、現時点での開発規模が15.0KLと、計画時よりも2.0KL増加したため、レビューが不足し、結果として摘出バグも少なくなったと考えられる。この規模増加となった原因への対策が必要と思われる。
- 作り込み工程別バグ分析では、BDバグのFD工程摘出数が目安より多く、BD工程におけるレビュー不十分の可能性が考えられる。

今後実施すべき施策：

- 現時点の開発規模15.0KLにより、FD工程の目標値を見直す。
- 開発規模が、計画時よりも2.0KL増加した原因の分析と、その原因に対する対策を実施する。たとえば、規模増加の原因が、仕様変更や追加の場合は、その部分の基本設計が必要である。
- FD工程で摘出されたBDバグ3件を修正するとともに、そのバグ内

演習問題の解答・解説

容を確認し、BD 工程のレビューで摘出できなかった原因を分析する。
その原因に対して、BD 仕様書の再レビューなどの施策を実施する。
- そのうえで、FD 仕様書の修正およびレビューを実施する。

解答と解説 5.1　5.3 節の適用事例の発生バグに対する設問

レビュー見逃し原因：

レビュー計画どおりにレビューが実施できなかったこと。

1＋n施策：

他にレビュー計画どおりにレビューが実施されていない箇所を確認し、当該
レビューを計画に従って実施し直す。

解答と解説 5.2　1＋n 施策の立案

表 B.2.1 に解答を示す。

表 B.2.1　ケースごとの 1＋n 施策一覧(例)

ケース	作り込み工程	作り込み原因からの 1＋n 施策	レビュー見逃し原因からの 1＋n 施策	テスト見逃し原因からの 1＋n 施策
1	CD	コーディング時に利用したすべての DD 仕様書の版が正しいかどうかを確認し、正しくない場合には正しい DD 仕様書にもとづき、コーディングが正しいかを確認する。	レビューでのすべての指摘事項が正しく反映されているかを確認し、修正漏れを発見した場合には、レビュー指摘事項にもとづいて修正する。	テスト項目作成時の入力文書をすべて確認する。入力文書未参照の場合は、入力文書にもとづいてテスト項目が不足していないかを確認する。
2	DD	すべての領域外アクセスの異常系設計の十分性を確認する。不十分な場合には再設計する。	すべてのレビュー記録票を対象に、「再レビュー要」と判断したレビューが他にないかを確認する。該当するレビューが存在し、再レビューが実施されていなかった場合、再レビューを実施する。	すべてのテストに対して同値分割を用いてテスト項目を設計していない部分を洗い出し、その部分に対して同値分割によりテスト項目を設計してテストする。
3	FD	すべての他のバッファサイズの見積り根拠を確認し、根拠が誤っていた場合にはサイズを再計算する。	回線速度がかかわるすべての箇所について、回線速度に詳しいレビューアを参加させて再レビューを実施する。	すべてのロングラン・高負荷試験シナリオを確認し、環境や条件が誤っていた場合には、再テストを実施する。

236

演習問題の解答・解説

解答 6.1　機能設計（FD）仕様書の確認

以下に回答の例を示す。

- ID の説明がなく、形式も動作もわからない。
- 名前、メールアドレスの入力可能な文字種が示されていない。
- 名前、メールアドレスの最大文字数が示されていない。
- 使用言語のプルダウンメニューに含まれるリストが示されていない。
- 異常値の入力といった操作ミスした場合の動作が示されていない。
- ツールを中断後、再起動した場合の動作が示されていない。
- 認証番号の有効期限に関する仕様が規定されていない。
- 電話番号以外の認証方法も考慮すべきである。

解説 6.1　機能設計（FD）仕様書の確認

全体的な操作の流れはわかるが、入力ミス時の動作が示されていないので、後工程での実装の際に判断できなくなる。

テキスト入力について、モバイル端末自身のもつ機能を利用することを前提とした場合でも、許可される文字種は明示すべきである。

なお、要件に「利用者の操作ミスを予防できる」とあるので、名前の入力欄なら、「@」、「%」、「&」などの記号は異常値として入力を拒否する仕様が適切である。メールアドレスについても、最低限のチェックを実施すべきである。

解答 6.2　結合テスト（IT）仕様書の確認

以下に回答の例を示す。

- 1.2.1「期待結果の仕様言語」は、モバイル端末のロケールがデフォルト表示される。
- 1.2.3「入力する名前、メールアドレス」が指定されていない。
- 名前、メールアドレスが空欄のまま、使用言語、アバターを変更した場合の観点がない。
- 名前、メールアドレスの一方だけを入力した場合の観点がない。

演習問題の解答・解説

- 1.2.5「選択する使用言語」、アバターが指定されていない。
- メッセージサーバー側に、利用者のデータが登録されたか確認する観点がない。

解説 6.2　結合テスト(IT)仕様書の確認

　テストの設計者が、必ずしも評価者になるとは限らない。したがって、テスト項目で何を評価したいのかを具体的に記載しないと、評価時に意図を外してしまうことがある。入力値や結果が自明なものまで明示する必要はないが、データ設計を要するものについては、何を入力し何が出力されるかを明示しておく必要がある。

　また、例示ツールの場合、モバイル端末側とメッセージサーバー側双方に利用者データを持つので、登録確認の際は、双方の確認が必要である。

　本問題では、1.2.2「他の「戻る」ボタン」は機能仕様に定義されていない。テスト仕様書を見ると、このように FD 仕様書では定義されていない機能やデータが出てくることがある。DD や CD の際に追加や変更され、FD 仕様書には反映されていない場合もあるので、妥当なテスト項目かを確認しておく。

解答と解説 7.1　評価シナリオのバリエーションの追加
S 社について：

　開発要員の入れ替わりにより、さまざまな伝達ロスが考えられるので、機能組合せによる特殊状態の評価をシナリオに組み入れる。

　特に、機能の同時実行や組合せの考慮は、要員間の伝達の際に漏れることがある。したがって、システム上、これらの操作による特殊状態を発生させるシナリオの追加を推奨する。

T 社について：

　モバイル端末での開発スキルが不足している可能性があるので、繰り返し操作をシナリオに組み入れる。

　未経験の OS や言語においては、利用関数の呼び出しのミスや動作の理解誤

りが見受けられる。1回目は動くように見えても、繰り返し動作させると関数の初期化のミスにより2回目以降の動作が異なってしまうことがある。したがって、各機能の繰り返し操作、交互操作をシナリオに追加する。

解答と解説 7.2　指摘に対する回答の是非の判断

性能効率性の問題指摘：

　顧客と本当に合意したものか不明であり、確認するため、いったん差し戻すべきである。

　まず、顧客との間で、サービスレベルについて、どのような申し合わせがなされているのかの確認が必要である。一般的には要件に明示されるが、24時間365日の運用を顧客が要望することは容易に想定でき、開発チームの独断で進んでしまっては、後々問題になる可能性がある。

　性能効率性の問題は、一度作り込んでしまうと、後工程での修正に必要以上の工数と期間を要する。したがって、本来は、BD工程か、FD工程までには確定しておかなければならない。仕様書の評価の段階で指摘すべきである。

機能要件の問題指摘：

　ここで大切なのは、この仕様が既に顧客の確認を得ていることである。口約束ではなく、合意の記録があり、仕様書や要件定義書が修正されていることは確認すべきである。

　そのうえで、実運用上は問題なく、また、顧客の確認の得ていることから受け入れるべきである。ただし、仕様書や要件定義書の修正が必須である。

　言語の設定は、一般的には利用登録時の1回のみであり、その際もモバイル端末のロケール設定値をツール内のデフォルト値としておけば、実質的に設定の操作は不要となる。このため、実運用上は問題なく、機能性の毀損はないと判断できる。

参 考 文 献

［1］ 玉井哲雄：『ソフトウェア社会のゆくえ』、岩波書店、2012 年

［2］ F.P. Brooks Jr. 著、滝沢徹、牧野祐子、冨澤昇訳：『人月の神話　原著発行 20 周年記念増訂版』、アジソン・ウェスレイ・パブリッシャーズ・ジャパン、1996 年

［3］ Robert F. Lusch、Stephen L. Vargo 著、井上崇通監訳、庄司真人、田口尚史訳：『サービス・ドミナント・ロジックの発想と応用』、同文舘出版、2016 年

［4］ SQuBOK 策定部会編：『ソフトウェア品質技術体系ガイド　第 2 版　-SQuBOK Guide V2-』、オーム社、2014 年

［5］ 飯塚悦功：『現代品質管理総論』、朝倉書店、2009 年

［6］ ISO 9000：2015 "Quality Management Systems–Fundamentals and Vocabulary"（JIS Q 9000：2015「品質マネジメントシステム - 基本及び用語」）

［7］ ISO/IEC 25010：2011 "Systems and software engineering–Systems and software Quality Requirements and Evaluation（SQuaRE)–Systems and software quality models"（JIS X 25010：2013『システム及びソフトウェア製品の品質要求及び評価（SQuaRE) —システム及びソフトウェア品質モデル』）

［8］ G.M.Weinberg 著、大野徇郎監訳：『ワインバーグのシステム思考法』、共立出版、1994 年

［9］ ジェームズ・マーチン著、芦沢真佐子、稲積宏誠、小島知宏、小原覚、小山隆弘、本間浩一、山崎徹訳：『ラピッド・アプリケーション・デベロプメント 1』、リックテレコム、1994 年

［10］ ロジャー S. プレスマン著、西康晴、榊原彰、内藤裕史監訳、古沢聡子、正木めぐみ、関口梢翻訳：『実践ソフトウェアエンジニアリング』、日科技連出版社、2005 年

［11］ 石川馨：『日本的品質管理』、日科技連出版社、1981 年

［12］ JIS X 0014：1999「情報処理用語 - 信頼性、保守性及び可用性」

［13］ M.V.Mäntylä, C. Lassenius："What Types of Defects Are Really Discovered in Code Reviews?", *IEEE Transactions on Software Engineering*, Vol.35、No.3, pp.430-448, 2009

［14］ 誉田直美：『ソフトウェア品質会計』、日科技連出版社、2010 年

［15］ 丸山志保、柳田礼子：「レビュー重視と品質・生産性の関係分析」、ソフトウェ

ア品質シンポジウム、2017 年

[16]　Barry W. Boehm：*Software Engineering Economics,* Prentice-Hall, 1981

[17]　柳田礼子：「品質リスクの早期検出に向けた分析」、ソフトウェア品質シンポ
ジウム、2016 年

[18]　CMMI　V2.0
https://cmmiinstitute.com/cmmi

[19]　柳田礼子：「効率的な品質改善に向けた CMMI 成熟度レベル別の要因分析」、
ソフトウェア品質シンポジウム、2015 年

[20]　柳田礼子、野中誠、誉田直美：「CMMI 成熟度レベル別に見たソフトウェア品
質の良否に関わる要因の複合的分析」、『SEC journal』、Vol.13、No.1、pp.8-15、
2017 年

[21]　山崎健司：「プロダクトメトリクスと品質の関係分析」、ソフトウェア品質シ
ンポジウム 2015、2015 年

[22]　独立行政法人情報処理推進機構社会基盤センター：『ソフトウェア開発データ
白書　2018-2019』、独立行政法人情報処理推進機構、2018 年

[23]　大野耐一：『トヨタ生産方式』、ダイヤモンド社、1978 年

索　引

［英数字］

1＋n 施策　140
　　——の有効性判断ポイント　137
BD/FD/DD 工程終了審査基準　69
CD 工程終了審査基準　76
CMMI　30
OSS　65, 76, 88, 91
PMO　45, 158, 188
QCD　42
SI 系　20
SQA　45, 158, 188
ST 工程終了審査基準　82
UT/IT 工程終了審査基準　79
V & V　8, 161
V 字モデル　13, 159
WBS　62
W 字モデル　73, 81, 160

［あ　行］

アクター　165, 193, 196
後戻り　22, 159
アノマリー　10
一時停止基準　195, 203
ウォーターフォールモデル　13, 42, 133

［か　行］

回帰型バグ予測モデル　62, 110
開始基準　195, 202
開発規模　16, 31, 53, 75, 111
開発計画の見直し　74
開発進捗会議　66, 68

開発プロセス　13
上工程　13
　　——のバグの定義　15, 17
上工程バグ摘出率　14, 16, 21, 62, 93
機能要件　86, 166, 196
許容範囲　116
計画審査　11, 42, 50
　　——基準　42, 62
工期　60
工数　16, 53, 61
工程審査　11, 42, 48
　　——活動　67, 81
　　——基準　42, 66
合否判定　44
　　——ルール　48, 85

［さ　行］

再開基準　195, 203
サイクロマチック数　34, 35
作業計画表　53, 62
サブプロジェクト分割の指針　51
サブリーダー　45
しきい値　36, 88, 125
重大バグ　73, 80, 83, 89, 133, 159, 183,
　　189, 191, 211
終了基準　195, 203
出荷後バグ基準達成率　21
出荷後バグ基準値　20
出荷審査基準　66, 86
出荷判定　11, 42, 84
　　——事前会議　85
仕様書の評価　11, 68, 72, 78, 80, 158

索　引

審査　11, 12, 44
　　——基準　42, 48
真の原因　132
水平展開　73, 80, 82, 84, 89, 132, 159,
　162, 184, 189, 191, 211
制限事項　89, 202
生産性　16
成熟度レベル　30
セキュア開発　65, 91
セキュリティ　65, 70, 76, 79, 87, 88, 91
ソースコード行数　34, 35, 77
ソースコード検証　88
　　——計画　64
　　——ツール　76
ソースコード指標　34, 77
組織長　45
ソフトウェアの評価　11, 82, 83, 90,
　188
　　——計画書　191, 192
ソフトウェア品質　3
　　——モデル　6, 7
ソフトウェア品質会計　14, 109, 131

[た　行]

第三者　49, 68, 72, 80, 82, 84, 90, 158,
　188
チェックリスト　161
　　——の基本項目　161
　　——の詳細項目　161
直接原因　134
作り込み原因　136
作り込み工程　15, 118, 123, 135
　　——別バグ分析　68, 71, 110, 118
定量データ　61, 66, 70
　　——分析　11, 110

データ項目　15
摘出工程　15
　　——別バグ目標値　114
　　——別バグ目標比率　114
テスト　62, 79, 87, 115
　　——カバレッジ　80
　　——工程　13
　　——見逃し原因　139
テスト項目　125
　　——数　16, 61
同種バグ　133, 162
特別出荷　85

[な　行]

なぜなぜ分析手順　137
ネスト数　34, 35, 77

[は　行]

バグ　9, 14, 134
バグ曲線　89
バグ傾向分析　77, 89, 92, 110, 122, 133
バグ修正コスト　25
バグ収束判定　110, 125
バグ収束率　88, 125
バグ重要度　123
バグ数　16, 26, 28, 61, 94, 111
バグ作り込み原因　123
バグの現象分類　182, 183, 210
バグの重大度　182, 183, 210
バグの測定方法　15
バグの定義　9
バグのなぜなぜ分析　11, 132
バグ分析　73, 82, 84, 89, 135, 141
　　——と1＋n施策　133
バグ予測値　113

索　引

判定　　12
汎用 SW 系　　20
非機能要件　　87, 166, 196
評価観点　　193
評価結果報告書　　180, 208
評価システム　　190, 201
評価シナリオ　　193, 195, 197
評価遂行基準　　194
評価対象　　192
評価のバリエーション　　199
品質会計総括表　　53
品質会計票　　51
品質の良し悪し　　20, 27
品質判定表　　68, 71, 79, 110, 115
プロジェクト責任者　　45
プロジェクトリーダー　　45
プロセス品質　　5, 7, 48, 68, 69, 74, 79
プロダクト品質　　7, 48, 49, 68, 72, 74,
　76, 80, 82, 158, 183, 188

分岐条件数　　34, 35
分析評価技法　　11
分類木　　27

[ま　行]

マニュアル　　90
未解決バグ　　89
見積り　　33, 53

[や　行]

要件のマトリクス　　196

[ら　行]

リスク管理計画表　　53, 65
利用シーン　　193, 196
レビュー　　13, 14, 21, 62, 70, 79, 115, 119
　——記録票　　165, 174
　——工数　　16, 29, 61
　——見逃し原因　　139

◆編著者紹介

誉田 直美（ほんだ　なおみ）　まえがき、第1～2章および第4章執筆担当

　日本電気株式会社入社後、IT系汎用ソフトウェア製品の品質保証に従事し、海外複数拠点を含む数多くの開発プロジェクトを推進。近年は、アジャイル開発や人工知能を搭載したシステム開発の品質保証も手掛ける。2007年より統括マネージャー。2011年より主席品質保証主幹。

　工学博士。日科技連SQiPソフトウェア品質委員会副委員長、公立はこだて未来大学客員教授など。

【主な著書】

『ソフトウェア品質会計』(日科技連出版社、2010年)

『ソフトウェア品質知識体系ガイド 第2版 -SQuBOK Guide V2-』(共著(執筆リーダー)、オーム社、2014年)

『見積りの方法』(共著、日科技連出版社、1993年)

『ソフトウエア開発 オフショアリング完全ガイド』(共著、日経BP社、2004年)

◆著者紹介

佐藤 孝司（さとう　たかし）　第3章および付録A.1、A.3執筆担当

　日本電気株式会社入社後、IT製品の基本ソフト、ミドルソフトパッケージ開発の品質管理、品質評価、プロセス改善に従事。2015年より主席主幹。工学博士。

森 岳志（もり　たけし）　第5章執筆担当

　日本電気株式会社入社後、主にユーザーインタフェース関連のソフトウェアの研究・開発に従事。2001年より、IT系汎用ソフトウェア製品の品質保証に従事し、品質システムの構築・改善、個々の開発プロジェクトの品質改善活動を推進。

倉下 亮（くらした　りょう）　第6～7章および付録A.2執筆担当

　日本電気株式会社入社後、ITシステム開発、サービス開発に従事。2005年からのミドルウェア製品の品質保証、海外現地法人でのソフトウェア品質プロセス改善を経て、近年はアジャイル開発における品質保証を推進。

ソフトウェア品質判定メソッド
計画・各工程・出荷時の審査と分析評価技法

2019 年 8 月 29 日　第 1 刷発行
2021 年 1 月 15 日　第 3 刷発行

編著者　誉田　直美
著　者　佐藤　孝司
　　　　森　　岳志
　　　　倉下　　亮
発行人　戸羽　節文

検 印
省 略

発行所　株式会社 日科技連出版社
〒 151-0051　東京都渋谷区千駄ヶ谷 5-15-5
DS ビル
電　話　出版　03-5379-1244
営業　03-5379-1238

Printed in Japan

印刷・製本　河北印刷株式会社

© *Naomi Honda et al. 2019*
URL http://www.juse-p.co.jp/

ISBN 978-4-8171-9676-7

本書の全部または一部を無断でコピー、スキャン、デジタル化などの複製
をすることは著作権法上での例外を除き禁じられています。本書を代行業者
等の第三者に依頼してスキャンやデジタル化することは、たとえ個人や家庭
内での利用でも著作権法違反です。